Führer durch die Elektrizitätswirtschaft

Von

Dipl.-Ing. Josef Lienert

Wien

Mit 38 Abbildungen

Wien
Springer - Verlag
1943

ISBN 978-3-7091-9756-1   ISBN 978-3-7091-5017-7 (eBook)
DOI 10.1007/978-3-7091-5017-7

Vorwort.

Während meiner zwanzigjährigen Berufstätigkeit in verschiedenen Zweigen der Energiewirtschaft — zurzeit im Vorstand eines Elektrizitätsversorgungsunternehmens mit großem Versorgungsgebiet — konnte ich vielfach beobachten, daß energiewirtschaftliche Kenntnisse noch lange nicht so verbreitet sind, wie es der Bedeutung dieses wichtigen Teilgebietes unserer Gesamtwirtschaft entsprechen würde. Dies gilt nicht nur für die große Mehrheit derjenigen, die nicht unmittelbar mit technischen Aufgaben befaßt sind, auch unser junger technischer Nachwuchs, der auf anderen Gebieten gut Bescheid weiß, steht energiewirtschaftlichen Fragen mitunter recht unvorbereitet gegenüber.

Nachdem auch von höchster Stelle die nationale Bedeutung unserer Energiewirtschaft schon seit Jahren richtig gewürdigt und durch Schaffung staatlicher Stellen für ihre Beaufsichtigung und Lenkung unterstrichen wurde, ist nun durch die Vorschrift über die Bestellung von Energieingenieuren für die größeren energieverbrauchenden Betriebe diesen die Verpflichtung auferlegt worden, sich auch ihrerseits für eine zweckmäßige Benutzung und Bewirtschaftung unserer Energievorräte wirksam einzusetzen. Es wird demnach in Zukunft auf dem Teilgebiet der elektrischen Energie nicht nur auf der Erzeugungsseite der Elektrizitätswirtschafter mit vertieften Fachkenntnissen für energiewirtschaftlich richtigen Ausbau und Betrieb der Stromerzeugung und Stromverteilung zu sorgen haben, sondern es wird auch auf der Verbraucherseite die Aufgabe der neubestellten Energieingenieure sein, die elektrischen Einrichtungen so anzulegen und zu benützen, daß die ganze Elektrizitätsversorgung mit einem möglichst guten Wirkungsgrad arbeiten kann. Da dies auch der Weg ist, der zu einer Herabsetzung der Strompreise führen kann, so ist zu erwarten, daß das Streben nach verbreiterten und vertieften elektrowirtschaftlichen Kenntnissen, das durch die übergeordnete gemeinwirtschaftliche Aufgabe gefordert wird, auch durch das eigene Einzelinteresse unterstützt wird.

Es wird also zunächst notwendig sein, einerseits dem bestellten Energieingenieur im energieverbrauchenden Betrieb, sowie dessen Betriebsführer, anderseits den Mitarbeitern in den Elektrizitätsversorgungsunternehmungen, vielleicht auch den Studierenden der Technik, jene Kenntnisse der Elektrizitätswirtschaft zu vermitteln, die sie zur richtigen Bearbeitung der gestellten Aufgaben befähigen. Zum Studium der ausführlichen Fachliteratur wird besonders denjenigen, die mitten im Betrieb stehen, meist die nötige Zeit fehlen und nur eine kurzgefaßte, leicht verständliche Darstellung des Wesentlichen hat Aussicht, den angestrebten Zweck zu erreichen. Diese Aufgabe habe ich mir bei der Abfassung des vorliegenden „Führers" gestellt. Grundsätzlich wurde auch vermieden, große mathematische oder technische Anforderungen zu stellen. Es wurde lediglich ein gewisses Verständnis für die Technik und ihre Mittel vorausgesetzt. Die Einschränkung auf das Teilgebiet der Elektrizitätswirtschaft ergab sich durch die gebotene Kürze, doch sind im ersten Kapitel auch allgemeine energiewirtschaftliche Angaben gemacht, soweit sie im Zusammenhange für den Elektrowirtschafter von Interesse sind.

Was diese Schrift an Ausführlichkeit zu einzelnen Fragen, an statistischen Angaben, tabellarischen Zusammenstellungen u. dgl. bei ihrem geringen Umfang vermissen läßt, das wäre im gegebenen Sonderfalle in der zur Verfügung stehenden erschöpfenden Fachliteratur nachzuschlagen.

Ich hoffe, mit meiner Arbeit dem interessierten Praktiker eine erwünschte Ergänzung seiner Kenntnisse auf einem heute und in Zukunft besonders wichtigen Fachgebiet des technisch-wirtschaftlichen Wissens zu bringen und dadurch mittelbar zur Erfüllung unserer Wirtschaftsaufgaben einen bescheidenen Beitrag geleistet zu haben.

Wien, im Januar 1943.

J. LIENERT.

Inhaltsverzeichnis

Einleitung.

Um dem Elektrowirtschafter, dem Stromverbraucher und dem Energieingenieur einen Führer durch die Elektrizitätswirtschaft zu bieten und alles Wissenswerte darüber zu vermitteln, ist es notwendig, von der Energiewirtschaft im allgemeinen auszugehen. Eine kurze Besprechung der wesentlichsten Energiewirtschaftsfragen wird von selbst auf den wichtigsten Zweig der Energiewirtschaft, — auf die Elektrizitätswirtschaft, — führen, die dann näher zu behandeln sein wird. Wenn alle Zusammenhänge aufgezeigt werden sollen, dann wird es nicht ausreichen, wenn an den Grenzen des Großdeutschen Reiches Halt gemacht wird, sondern wird auch die Weltlage zur Beurteilung vieler Fragen von Bedeutung sein. Das zu behandelnde Gebiet ist daher außerordentlich groß und würde zu einem umfangreichen Werk führen, wenn auf Einzelheiten eingegangen werden würde. Damit wäre aber der Zweck dieser Schrift nicht erreicht, die ein handlicher „Führer‟ sein soll, der leicht faßlich und ohne ein schwieriges Studium zu verlangen, den Leser über alles unterrichtet, was er über die Elektrizitätswirtschaft wissen soll. Sie soll ihn in die Lage versetzen, selbst wenn er bisher der Materie mehr oder minder fern stand, an ihn herantretende wirtschaftliche und betriebliche Aufgaben und Fragen in der Praxis nach möglichst einfachen Verfahren zu lösen.

In der Wirtschaft im allgemeinen und daher auch in der Elektrizitätswirtschaft leiten sich alle Überlegungen und Folgerungen von der Kenntnis der Entstehung und Bestimmung der Gestehungskosten der Ware, — hier des elektrischen Stromes, — ab, über die daher ausführlich gesprochen werden muß. Dies ist um so mehr notwendig, als die Gestehungskostenrechnung des elektrischen Stromes von allen übrigen Gestehungskostenrechnungen anderer Wirtschaftszweige grundsätzlich abweicht und wesentlich schwieriger zu erstellen und zu verstehen ist. Daß der Strompreisbildung der Elektrizitätswerke mit der Verschiedenheit der Preise für elektrische Arbeit in den Abnehmerkreisen vielfach so wenig Verständnis entgegengebracht wird und daß so viel unberechtigte Unzufrieden-

1

heit herrscht, die auch zu unsachlichen Kritiken führt, ist in erster Linie darauf zurückzuführen. Der Aufbau und die Zusammensetzung der Gestehungskostenrechnung ist der Kern der gesamten Entwicklung der Elektrizitätswirtschaft. Die Gestehungskosten beeinflussen alle Maßnahmen der Elektrizitätswerke, nicht nur die Tarifbildung, sondern auch ihren Bau und den gesamten Betrieb. Aus dieser Rechnung kann daher die Entwicklung der Elektrizitätswirtschaft abgeleitet werden. Aus ihr ergeben sich die Zukunftsaussichten. Auf das Aufzeigen dieser Zusammenhänge wird in den folgenden Ausführungen besonderer Wert gelegt.

Der Aufbau der Schrift erfolgte daher so, daß im ersten Kapitel kurz zusammengefaßt die wichtigsten Dinge über die Energiewirtschaft im allgemeinen gesagt werden. Dabei wurde der Beschreibung von Windkraftanlagen etwas mehr Raum gegeben, weil darüber bisher weniger Fachliteratur zur Verfügung steht und gerade in letzter Zeit dieses Gebiet sich für die nächste Zukunft aussichtsreich abzuzeichnen beginnt. Verwiesen wird hier auf das im Fackelträgerverlag Berlin 1942 erschienene Werk von W. SCHIEBER „Energiequelle Windkraft" und auf Aufsätze von D. STEIN in der Zeitschrift Elektrizitätswirtschaft, Nrn. 16/1941 und 15 bis 17/1942. Das zweite Kapitel, Elektrizitätswirtschaft, gruppiert sich um die Bestimmung der Stromgestehungskosten, wobei das Verfahren nach Möglichkeit vereinfacht und übersichtlich gestaltet wird. Dabei war die Überlegung maßgebend, daß jede Art der Berechnung der Gestehungskosten Näherungsverfahren anwenden muß und es daher nicht viel Zweck hat, die auf Annahmen aufgebauten Werte mit einer bis ins Letzte geführten Genauigkeit weiter behandeln zu wollen. Selbstverständlich darf jedoch die Vereinfachung nicht zu weit getrieben werden, da bei auf Annahmen fußenden Rechnungen wieder die Gefahr besteht, daß Ungenauigkeiten den eventuellen Fehler noch vergrößern können. Aus der Stromgestehungskostenrechnung werden, wie schon früher gesagt, alle anderen wirtschaftlichen Untersuchungen abgeleitet und die Folgerungen gezogen.

Erstes Kapitel

Energiewirtschaft.

I. Allgemeine Einführung.

Was ist Energiewirtschaft? Gesetz von der Erhaltung und Umwandlung der
Energie, Hauptenergieformen.

Was wird unter „Energiewirtschaft" verstanden?

Zur Beantwortung dieser Frage soll das Wort Energiewirtschaft
in „Energie" und „Wirtschaft" zerlegt werden.

Das Wort „Energie" gehört zweifellos in das Gebiet der reinen
Technik. Energie ist die Fähigkeit eines Körpers, Arbeit zu leisten,
also ein Arbeitsvermögen, wobei nach dem von J. ROBERT MAYER
im Jahre 1842 aufgestellten Energieprinzip der Gesamtbetrag der
Energie unveränderlich ist. Die Energie kann weiters weder aus
nichts gewonnen oder neu erzeugt noch zerstört werden, sondern ist
nur umwandelbar. (Gesetz von der Erhaltung der Energie von
HELMHOLTZ 1847 und von der Umwandlung der Energie von
THOMSON 1851.) Wenn vielfach von Energieerzeugung gesprochen wird, so hat sich dies nur im Sprachgebrauch eingebürgert.
Es handelt sich dabei aber nicht um eine Erzeugung, sondern um
eine Umwandlung. Der Ausdruck Erzeugung ist jedoch so allgemein gebräuchlich geworden und wird überall verwendet, daß er
auch hier fallweise beibehalten werden soll.

Auf das Wort „Wirtschaft" muß aber auch eine besondere Be-
tonung gelegt werden, denn Ziel und Zweck der Energiewirtschaft
ist nicht nur die Erzielung technischer, sondern ganz besonders
wirtschaftlicher Erfolge. Die Energie muß nach den Regeln der
Wirtschaftlichkeit verwnedet werden, wobei die Gebote der Technik und Wirtschaft im gleichen Maße zu beachten sind. Dabei darf
die Sicherheit des Betriebes nicht vernachlässigt werden, da sich
sonst unweigerlich wieder wirtschaftliche Schädigungen einstellen
würden.

Die Energiewirtschaft beschäftigt sich demnach mit
der Umwandlung der Energie, deren Weiterleitung und
zweckmäßigster Nutzung bei bester technischer Ausge-

staltung der Einrichtungen und Erzielung höchster Wirtschaftlichkeit.

Da die Energie gleich Arbeitsvermögen gesetzt werden kann, wird an Stelle von Energie vielfach auch das Wort „Arbeit" verwendet. Im Sprachgebrauch ist die Bezeichnung Arbeit sogar mehr zu begrüßen als Energie, weil unter Energie vielfach ganz falsch der Begriff einer Leistung verstanden wird.

Der Techniker unterscheidet drei Hauptenergieformen: die mechanische, elektrische und kalorische Energie. Die übrigen Energieformen, wie chemische Energie, Licht, Schall, Strahlungsenergie usw. sollen hier nicht näher behandelt werden.

Praktisch gemessen werden die drei Energieformen:

1. Mechanische Energie in Pferdekraftstunden (PSst);

2. elektrische Energie in Kilowattstunden (kWst);

3. kalorische Energie = Wärme-Energie in Kilokalorien (kcal); wobei:

$$1 \text{ PSst} = 0{,}736 \text{ kWst} = 632 \text{ kcal.}$$
$$1 \text{ kWst} = 1{,}36 \text{ PSst} \quad = 860 \quad „$$

Für die Umwandlung der Energieformen sei als Beispiel angeführt, daß in einer Dampfkraftanlage die in der Kohle aufgespeicherte chemische Energie in Wärme, diese in mechanische und diese wieder in die z. B. gewünschte elektrische Energie umgewandelt wird.

Bei dieser Umwandlung wird nicht die gesamte aufgespeicherte chemische Energie in Wärme, Wärme in mechanische Energie, mechanische Energie in elektrische Energie verwandelt werden können. Der Gesamtbetrag der Energie bleibt wohl unveränderlich, doch wird letzten Endes die gewünschte Endenergieform (elektrische Energie) nur mehr einen Teil der Ausgangsenergieform (chemische Energie) betragen, weil bei den Umwandlungsprozessen Nebenenergieformen gebildet werden, die zwar nicht gewollt sind, jedoch nicht vermieden werden können. Man spricht von den Verlusten, die z. B. durch Erwärmung, Strahlung, Abgase usw. entstehen. Eine der Hauptaufgaben der Energiewirtschaft ist es nun, diese Umwandlung der Energieformen so durchzuführen, daß mit dem geringsten Aufwand die größte Nutzung erreicht wird.

II. Rohenergiequellen, Förderung und Vorkommen.

Steinkohle, Braunkohle, Holz, Torf, Erdöl, Erdgas, Wasserkraft, Windkraft.

Die heute vorwiegend ausgenützten Energiequellen sind Kohle, Holz, Torf, Erdöl, Erdgas, Wasserkraft und Windkraft.

Die Steinkohle, auch Schwarzkohle genannt, hat einen Heizwert von 7000—8000 kcal pro kg und wird in Tiefen von etwa

100—2000 m gewonnen. Sie ist aus urzeitlich zersetzten Bäumen durch langsames Verkohlen entstanden und liegt in verschieden starken Schichten, sog. Flözen, in der Erde. Der Tiefbau wurde in den letzten Jahren besonders verbessert und mechanisiert (Abb. 1).

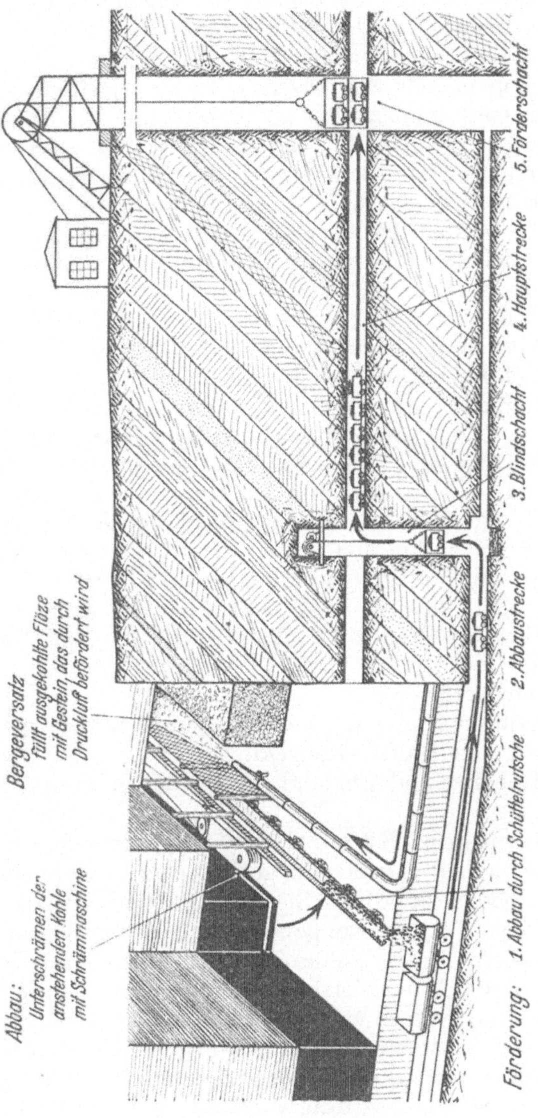

Abb. 1. Steinkohlen-Tiefbau (nach STEIN).

Im Ruhrgebiet, dem Hauptfördergebiet der Steinkohle in Deutschland, beträgt die größte durchschnittliche Tiefe derzeit etwa 700 m.

Der Abbau erfolgt fast ausschließlich mit Schrämmaschinen oder bei dünnen Flözen mit Drucklufthämmern. Über mechanische Schüttelrutschen wird die Kohle auf Wagen verladen, die dann weiter transportiert werden (über die Abbaustrecke, Blindschacht, Hauptstrecke, Förderschacht). In dem Ausmaß wie Kohle abgebaut wird, werden mittels Spülwasser oder Druckluft die Hohlräume wieder mit Gestein ausgefüllt (Bergeversatz). Dadurch wird Grubenholz gespart und der Einsturz des Deckgebirges vermieden. Das Deckgebirge über dem Bergeversatz drückt diesen zusammen, wodurch sich die Kohle an der Abbaustelle spaltet und die Gewinnung erleichtert. In Amerika läßt man auch das Deckgebirge einstürzen, da dort der Bergbau meist abseits bevölkerter Gebiete liegt.

Für den Wert der Kohle ist neben dem Heizwert die Größe der Kohlenstücke, ihr Gehalt an Asche, an flüchtigen Bestandteilen und an Verunreinigungen maßgebend. Die Kohlenaufbereitung sortiert nach Korngröße (Stückkohle über 80 mm, Nußkohle 80 bis 10 mm, Feinkohle 10—0,5 mm, Staub 0,5—0) und entascht (von im Mittel 8—15% auf 6—8% Aschengehalt). Ganz aschefrei soll die Kohle nicht sein, weil sie sonst am Rost nicht backt. Die jüngeren Kohlen sind gasreicher (Fettkohle), brennen leicht, flackernd, neigen jedoch zur Rußbildung. Ältere gasarme Kohle (Magerkohle) brennt ruhig, langsam und rußfrei. Im geringen Ausmaß wird in Deutschland auch magere Steinkohle unter Drücken bis 1500 atü brikettiert. Auf diese Weise wird Feinkohle auf vollwertige Stückgrößen gebracht. Staubkohle, die etwa zu 20% der Gesamtförderung anfällt, wird heute ebenfalls voll verwertet und in Staubkohlekesseln verfeuert.

Die größten Steinkohlenvorkommen befinden sich in den V.St.A., rd. die Hälfte des gesamten Weltvorrates. In Europa sind Deutschland und England die Länder größten Steinkohlenvorkommens.

Die Braunkohle ist ein wesentlich jüngeres Produkt als die Steinkohle und hat je nach dem geologischen Alter einen Heizwert von 2500—5500 kcal pro kg. Sie wird im Gegensatz zur Steinkohle zu mehr als 90% im Tagbau gewonnen (Abb. 2). Wegen des hohen Wassergehaltes dieser Kohle ist die Transportmöglichkeit beschränkt, so daß Industrien und Kraftwerke meist unmittelbar an den Gewinnungsstätten errichtet werden. Die Gewinnung ist, bezogen auf die gleiche Wärmemenge, billiger als bei Steinkohle. Hierbei wird das Deckgebirge über der Kohle mittels Abraumbagger entfernt. Mit Kohlebagger wird die Kohle abgebaut und abtransportiert.

Der Abraum wird mit Lokomotiven oder über Förderbrücken wieder auf die ausgekohlten Felder geschüttet. Pro Tonne Braunkohle müssen dabei im Mittel 2—3 m³ Abraum umgelagert werden. Die Förderung mit Förderbrücken setzt die Kosten gegenüber der Lokomotivverführung des Abraumes auf rd. die Hälfte herab, da sehr lange Zugstrecken und fortgesetztes Gleisverrücken vermieden werden. Gegenüber dem heute nicht mehr angewendeten reinen Handbetrieb betragen die Abraumkosten mit Förderbrücke trotz dem höheren Kapitalsdienst nur rd. ein Viertel.

Wenn Braunkohle versendet werden soll, wird sie getrocknet und brikettiert. Für derartige Sorten gelten dann die oberen ange-

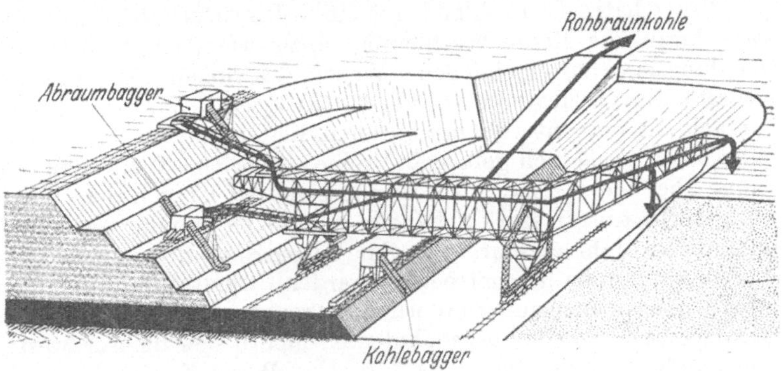

Abb. 2. Braunkohlen-Tagebau (nach STEIN) mit Förderbrücke und Bagger.

gebenen Heizwerte. Die Kosten für die Trocknung und Brikettierung sind jedoch beträchtlich, so daß unter Berücksichtigung der Frachtkosten die Vergrößerung des Heizwertes teuer erkauft wird. Trotzdem wird mehr als die Hälfte der Braunkohle brikettiert.

Das Braunkohlenvorkommen der Erde beträgt nur wenige Prozent des Steinkohlenvorkommens. Gefördert wird Braunkohle hauptsächlich in Deutschland (über 70% der Weltförderung):

Holz hat einen Heizwert von 2500—3500 kcal pro kg. Es wurde ursprünglich ausschließlich für den Hausbrand verwendet und wird von sonnenbestrahlten Pflanzen laufend erzeugt. Da Holz heute einen wichtigen Werk- und Baustoff darstellt und für die Zellwolleherstellung als Rohstoff dient, wird es wohl in Zukunft nicht mehr im bisherigen Ausmaß zur Verfeuerung in Energiegewinnungsanlagen verwendet werden. In jüngster Zeit wird in waldreichen Ländern versucht, Holz auf flüssige Brennstoffe zu verarbeiten.

Torf hat einen Heizwert von 1500—3500 kcal pro kg. Er ist eigentlich eine Kohlenart, die durch Vermodern von Pflanzenresten entstanden ist. Torf hat als Brennstoff bisher keine besondere Bedeutung erringen können, weil sich fast 70% der Weltvorkommen innerhalb der Vorkriegsgrenzen von Rußland befunden haben. Gemessen an den Weltkohlenvorräten ist außerdem ein geschätztes Welttorfvorkommen von mehreren 100 Milliarden Tonnen nicht bedeutend. Doch sind die Schätzungen recht unverläßlich, weil große Lagerstätten noch unerforscht sein werden. Nach Rußland ist Deutschland das torfreichste Land; dann folgen Schweden und das ehemalige Polen.

Bisher hatte Deutschland nur ein volkswirtschaftliches Interesse daran, die Moore beschleunigt abzutorfen, um Kultur- und Siedlungsland zu erschließen. Wegen des hohen Feuchtigkeitsgehaltes des Torfes von rd. 80—90% ist seine Gewinnung nicht einfach. Er braucht wohl nur mit dem Spaten gestochen zu werden oder wird maschinell gebaggert; seine natürliche Trocknung verlangt aber viele Monate Trocknungszeit und ist von den Witterungsverhältnissen stark abhängig, was die Gewinnung auf wenige Monate im Jahr einschränkt. Zur Vermeidung dieser Schwierigkeiten kann künstlich getrocknet werden. Dann sind jedoch ganz große Wärmemengen erforderlich. Trotzdem wurden bisher in Deutschland, wo die ausgedehntesten Moore sich im Nordwesten des Landes befinden (mehr als $^3/_4$ im Gau Weser-Ems), schon mehr als eine Million Tonnen jährlich gewonnen. Da nunmehr im Reich heute auch die umfangreichen Torfvorkommen in den Ostgebieten zur Verfügung stehen, wird der Torf bei uns in Zukunft wahrscheinlich eine größere Rolle spielen. Wenn in den besetzten russischen Gebieten die zerstörten Torfwirtschaften wieder voll in Gang gebracht sein werden, dann kann mit einer jährlichen Gesamtförderung in Deutschland von mehreren Millionen Tonnen Torf gerechnet werden, die auf viele Millionen Tonnen im Jahr steigerungsfähig ist, ohne daß bei den großen Vorräten, unter denen sich sogar Torfmassive mit lufttrockenem Torf befinden, eine Erschöpfung befürchtet werden muß.

Die Verwendung von Torfkoks in der Treibstoffwirtschaft führte in jüngster Zeit zu neuen Möglichkeiten der Ausnützung. Die Torfkoksgeneratoren sind einfach in der Konstruktion und billiger im Betrieb, als Holzgasgeneratoren. Der Torfkoks ist sehr gut entzündbar und bildet wenig Schlacke. Torfkoksbetrieb kommt zwar, trotzdem nur ungefähr halb soviel Koks wie gewöhnlicher Generatortorf benötigt wird, wegen der großen Herstellungskosten des Kokses teurer als der bisher üblich gewesene Betrieb mit gewöhnlichem Generatortorf. Der Generatortorf kann jedoch nur unter Beimischung von Tankholz verfeuert werden, weil sonst wegen der Korrosionsgefahr durch schwefelhaltige Verbindungen nur Torf von höchstens 20—25% Feuchtigkeitsgehalt zulässig wäre, was wieder künstliche Trocknung verlangt. Deshalb wird Torfkoks beim Betrieb der Torfgeneratoren vorgezogen. Außerdem fällt bei der Torfkokserzeugung (3 kg Rohtorf ergeben ungefähr 1 kg Torfkoks) in den Torfverschwelungsanlagen Teeröl an, aus dem hochwertiges Benzin, Phenol und Harze gewonnen werden. Dadurch wird der Brennstoff Torf zum Rohstoff, so daß seine Bedeutung, besonders im Krieg, immer mehr zunimmt. Neuerdings wird Torfkoks auch als Stahlhärtemittel verwendet. In Schweden sind in letzter Zeit mehrere Torfverkokungsanlagen errichtet worden. In Dänemark sind bereits mehr als 10% aller im Verkehr befindlichen Kraftfahrzeuge auf Torfgasgeneratorbetrieb umgestellt worden.

Es ist zu hoffen, daß das durch den Krieg hervorgerufene Interesse für die Auswertung der Torfvorkommen sich in Friedenszeiten in Deutschland wirtschaftlich bewähren wird, so daß eine hohe Torfförderung und eine vielseitige Verwendung zu einer Entlastung anderer Energievorräte führen wird.

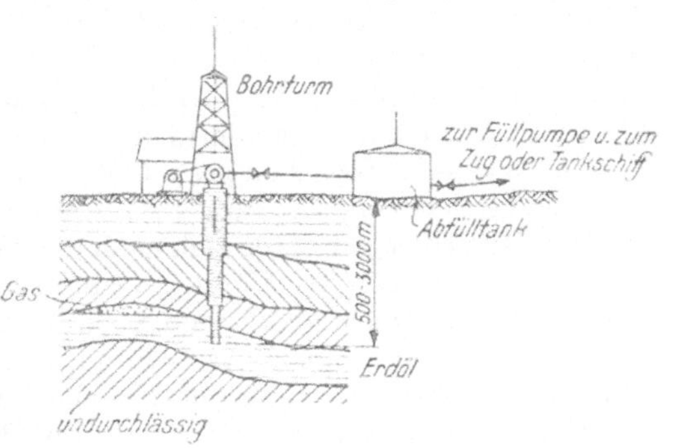

Abb. 3. Erdöl-Bohranlage.

Der Heizwert des Erdöles beträgt 10000 kcal pro kg. Die Gewinnung erfolgt über Bohrlöcher, indem eiserne Rohre in die Erde getrieben werden (evtl. ergänzt durch Bergbau). Das Ölbohren (Abb. 3) ist bei der erfahrungsgemäßen nur 5jährigen mittleren Ausbeute meist teurer als Steinkohlenbergbau. Der Erdölbergbau ist so teuer, daß er nur sehr selten angewendet wird. Man verzichtet lieber auf die volle Ausbeute. Öl wird auch aus Ölsand nud Ölschiefer gewonnen.

Das Hauptvorkommen von Erdöl befindet sich in Asien, Rußland und Nordamerika, ist aber, gemessen am Kohlenvorkommen, nur gering. Die derzeit bekannten Erdölvorkommen reichen außerdem nur mehr wenige Jahrzehnte. Allerdings läßt sich das Erdölvorkommen sehr schwer schätzen, weil immer wieder neue Tiefen und Erschließungsgebiete gefunden werden. Auch ist die Lebensdauer der bekannten Erdölquellen schwer vorausbestimmbar.

Erdgas hat einen Heizwert von im Mittel 10000 kcal pro m³ und fällt bei der Gewinnung von Erdöl im Verhältnis bis zu 4 m³ Gas je kg gefördertes Erdöl an. Es wird nicht mehr wie früher abgebrannt, sondern wird gefaßt, fortgeleitet und einer Verwendung zugeführt, nachdem die Kohlenwasserstoffe Butan und Propan ausgeschieden und unter Druck in Flaschen als Flaschengas verflüssigt wurden. Außerdem kommen, besonders in Amerika, ausgesprochene Erdgasfelder vor. Dort wird auch Benzin aus Erdgas ausgeschieden. Bei der Bildung von Steinkohle können ebenfalls Erdgase entstehen.

Die Wasserkraft — die sog. weiße Kohle — steht uns als Energiequelle dauernd zur Verfügung und erneuert sich immer wieder im Gegensatz zu allen bisher genannten Energiequellen, die einmal zu Ende gehen. Die Arbeitsfähigkeit der Wasserkräfte hängt von der Wassermenge und dem Gefälle ab. Die nutzbare Leistung in PS ist bekanntlich bei einem angenommenen Gesamtwirkungsgrad von 75% rd. 10 × sekundliche Wassermenge in m³/sec × verfügbares Gefälle in m.

Die Wasserkräfte geben je nach den wechselnden Niederschlagsmengen verschiedene Leistungen. Die auftretenden Schwankungen in der Wassermenge richten sich nach den Witterungsverhältnissen der Einzugsgebiete der Flüsse. Gebirgswasserkräfte haben sehr große Schwankungen und führen die größten Wassermengen zu den Zeiten der Schneeschmelze im Gebirge, also im April beginnend bis Juli. Die großen Flüsse in den Ebenen führen wesentlich gleichmäßigere Wassermengen und haben ihre´ höchsten Wasserstände meist von Februar bis April. Tiefwasserstände sind bei Gebirgswasserkräften die Wintermonate, bei Flußwasserkräften die Sommermonate. Hochwässer können in beiden Fällen noch zu ganz unregelmäßigen Zeiten auftreten. Der Ausbau erfolgt gewöhnlich für eine Wassermenge, mit der durch etwa 6—7 Monate im Jahr gerechnet werden kann. Der Ausbau für jenes Wasserquantum, welches das ganze Jahr hindurch vorhanden ist, würde nur einen Bruchteil der jährlichen Wasserspende ausnützen, der Ausbau nach der höchsten anfallenden Wassermenge wäre unwirtschaftlich, weil dabei die Anlage viele Monate im Jahr unausgenützt bleiben würde.

Je nach dem Gefälle unterscheidet man Nieder-, Mittel- oder Hochdruckanlagen (Abb. 4 u. 5). Niederdruckanlagen haben ein Gefälle bis etwa 20 m, Mitteldruckanlagen bis etwa 50 m und Hochdruckanlagen darüber. Je nachdem, ob Wasser gespeichert

wird oder nicht, spricht man von Speicher- oder Laufkraftwerken.
Speicherwerke werden je nach dem geschaffenen Stauraum in
Tages-, Wochen- oder Jahresspeicher unterteilt, wobei sie für
den Ausgleich zwischen dem Wasserzufluß eines Tages, einer
Woche oder eines Jahres und dem schwankenden Verbrauch inner-
halb dieses Zeitraumes zu dienen haben (Primärspeicher). Sog.
Pumpspeicherwerke (Sekundärspeicher) erhalten hochgelegene
Becken, in die in Zeiten geringer Belastung Wasser hochgepumpt
wird, um dann in Zeiten starken Bedarfes wieder in elektrische
Energie umgewandelt zu werden.

Abb. 4. Niederdruck-Wasserkraftanlage mit Talsperre.

Die größten Wasserkraftvorräte der Welt befinden sich wieder
nicht in Europa, sondern sind in Afrika und Südamerika zu
suchen, wo sie auf je ein Drittel der Weltvorkommen geschätzt
werden. In Europa befinden sich die größten Wasserkraftvorräte in Norwegen. Auf Norwegen folgt Frankreich, dann Deutschland, Schweden, Italien und die Schweiz.

Die verschiedenen Schätzungen über die vorhandenen ausbau-
würdigen und ausgebauten Wasserkräfte der Welt gehen weit auseinander, so daß es derzeit nicht möglich ist, eine verläßliche Ziffer
darüber zu nennen. Man wird jedoch keinen allzugroßen Fehler
machen, wenn man die vorhandenen Wasserkraftvorräte der Erde

auf gegen 400 Mill. kW schätzt. Davon dürften heute nicht
wesentlich mehr als 10% ausgebaut sein. Lediglich die Schweiz und
Italien können auf einen fast 100%igen Ausbau der dort vorhandenen Wasserkräfte hinweisen.

Die Nutzbarmachung der Windkraft wurde bisher im allgemeinen vernachlässigt. Gerade heute, da wir alle wissen, daß die

Abb. 5. Hochdruck-Wasserkraftanlage.

Verwendung von Kohle unter Kesseln und zu Heizzwecken in
Zukunft sicher sehr stark einzuschränken sein wird und da sich die
Entwicklung der Energiewirtschaft und die Industrialisierung schon
so abzeichnet, daß man mit Bestimmtheit eine kommende Energieknappheit voraussagen kann, ist es besonders notwendig, der Windkraft — auch blaue Kohle genannt — besonderes Augenmerk zuzuwenden. Später wird ausführlicher über Windkraftanlagen gesprochen werden.

III. Energieverbrauch.

Weltenergieverbrauch, Reichsenergieverbrauch, Erschöpfung der Energievorräte, Weltwasserkraftvorräte.

Im gesamten Weltenergieverbrauch steht heute die Steinkohle
weit an erster Stelle. Auf gleiche Heizwerte bezogen, hat sie einen
Anteil von mehr als 50°/₀. Die Weltförderung hat die Milliarden-
Tonnengrenze wesentlich überschritten. Auf Steinkohle folgt Holz
und Erdöl. Der Weltverbrauch an Holz und Erdöl in Steinkohleneinheiten wird auf über je 400 Millionen Tonnen geschätzt. Dabei
ist bemerkenswert, daß Holz im Haushalt heute noch immer
im Weltdurchschnitt mehr verbraucht wird als Kohle. Der
Kohlenverbrauch für den Hausbrand und für industrielle und
gewerbliche Heizzwecke ist un-
gefähr ebenso groß wie der Koh-

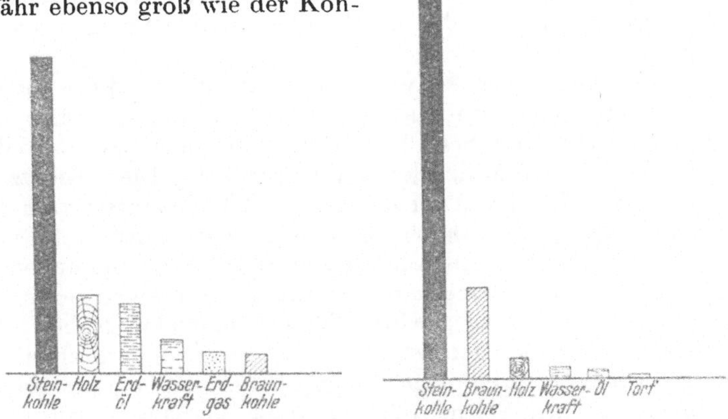

Abb. 6. Welt-Energiebedarf (auf gleiche   Abb. 7. Energiebedarf in Deutschland
Wärmeeinheit umgerechnet).   (auf gleiche Wärmeeinheit umgerechnet).
(Abb. 7 hat gegenüber Abb. 6 den 10 fachen Maßstab.)

lenverbrauch für die Umwandlung in elektrische und mechanische Energie. Die Weltziffern werden allerdings von den V. St. A.
stark beeinflußt, da dort pro Kopf der Bevölkerung mehr als der
doppelte Energieverbrauch vorhanden ist wie in Deutschland. Der
Anteil der Braunkohle am Weltenergiebedarf ist nicht bedeutend.
Die Wasserkraft steht im Weltenergieverbrauch noch immer mit
wenigen Anteilprozenten neben Erdgas und Torf an den letzten
Stellen. Unter Berücksichtigung des Umstandes, daß alle übrigen
genannten Energieträger einmal zu Ende gehen, wird der Ausbau
der Wasserkräfte stärker gefördert werden müssen (Abb. 6 u. 7).
Wenn sich auch heute nicht berechnen läßt, wann eine Erschöpfung unserer kalorischen Energievorräte eintreten

wird, so können doch Schätzungen vorgenommen werden. Sie müssen allerdings mit so vielen unsicheren und unbekannten Größen rechnen, daß das Ergebnis nur eine Zahl sein kann, die eine Größenordnung darstellt. Allein ob die „sicheren" oder „wahrscheinlichen" Vorräte zugrunde gelegt werden, kann gegebenenfalls um das 10fache verschiedene Werte ergeben. Am meisten dürften jene Schätzungen der Wirklichkeit nahe kommen, die die Erschöpfung unserer Energievorräte in etwa 1000 Jahren prophezeien.

Jedenfalls darf und wird sich aber die Menschheit von diesem Zeitpunkt nicht überraschen lassen und immer nach neuen Möglichkeiten der Energieversorgung suchen, so daß ein Untergang der gesamten Wirtschaft nicht befürchtet zu werden braucht. Bis dahin werden auch die Wasserkräfte weitgehendst nutzbar gemacht werden müssen und werden noch schlummernde Energien auszunützen sein.

Der gesamte Jahresenergieverbrauch der Welt für die Umwandlung in mechanische und elektrische Energie unter Einschluß von Eisenbahn, Schiffahrt, Kraftfahrzeugen usw., wird derzeit auf gegen 1200 Milliarden kWst geschätzt. Diese Schätzung beruht darauf, daß der in der Zeitschrift „Elektrizitätswirtschaft", Nr. 9 aus 1938 für das Jahr 1938 angegebene Elektrizitätsbedarf der Welt mit 500 Milliarden kWst zugrunde gelegt und angenommen wurde, daß der mechanische Energieverbrauch gegen 700 Milliarden kWst betragen wird. Für ein Jahrzehnt früher lagen statistische Erhebungen vor. Damals war der mechanische Energiebedarf der Welt noch doppelt so groß wie der elektrische Weltenergiebedarf. Seither dürfte sich das Verhältnis nicht unbedeutend zugunsten des Elektrizitätsbedarfes verschoben haben, so daß die Ziffern 500 zu 700 Milliarden kWst ein derzeit richtiges Verhältnis ergeben dürften. Bei der Umwandlung in mechanische und elektrische Energie hat der Verkehr einen sehr großen Anteil. Die Gesamtzahl der Lokomotiven der Welt hat z. B. ungefähr die gleiche Leistung wie die Gesamtzahl aller mechanischen und elektrischen Kraftanlagen der Welt. Die Ausnützung der Lokomotiven ist hierbei selbstverständlich wesentlich geringer als jene der stationären Kraftanlagen. Das Auto übertrifft alle anderen Kraftmaschinen im Bezug auf den Leistungsanteil noch um ein Vielfaches.

Interessant ist vielleicht noch die Feststellung, daß die Wasserkraft bei einem Weltvorrat von 400 Mill. kW bei 4000 Ausnützungsstunden und einem gesamten Wirkungsgrad der Maschinen von 75% allein 1,200 Milliarden kWst liefern könnte. Der gesamte

Energiebedarf der Welt könnte daher derzeit theoretisch durch die Wasserkraftvorräte allein gedeckt werden.

IV. Entwicklung der Energieumwandlung.

Kohlenwirtschaft, Wirtschaft der flüssigen Treibstoffe, Gaswirtschaft, Elektrizitätswirtschaft.

Bis in das 14. Jahrhundert wurde für den Hausbrand lediglich Holz verwendet. Zur Beleuchtung diente Kienspan, Talg und Wachs. Kraft wurde mit Windmühlen und Wässerrädern erzeugt. Gleichzeitig mit der Einführung der Kohle im Haushalt und des Gases für die Straßenbeleuchtung wurden um 1750 die ersten Dampfmaschinen in Betrieb gesetzt, die bis zur Mitte des 19. Jahrhunderts fast ausschließlich der Industrie Kraft lieferten. Die Einführung der Dampfmaschine bildete den ersten Markstein in der Entwicklung der Energieumwandlung. Der Gasmotor stellte dann allmählich eine Konkurrenz für die Dampfmaschine dar. Das Auergasglühlicht beherrschte schon neben der Petroleumlampe die Haushaltbeleuchtung, wo auch Gas zum Kochen verwendet wurde. In größeren Industrien wurden schon Wasserturbinen eingebaut.

Die praktische Umwandlung in elektrische Energie, der zweite Markstein in der Entwicklung der Energieumwandlung, wurde erst durch die umwälzende Erfindung des dynamoelektrischen Prinzips von WERNER VON SIEMENS im Jahre 1866 ermöglicht. Wenige Jahre später war die Dynamomaschine soweit entwickelt, daß sie als Kraftquelle der Menschheit zu Diensten stand. Um das Jahr 1880, als die elektrische Glühlampe erfunden war, entstanden langsam die ersten elektrischen Anlagen für die Beleuchtung großer Häuser. Verwendet wurde ausschließlich Gleichstrom. Mit der Einführung des Wechselstromes, dem dritten Markstein in der Entwicklung der Energieumwandlung, konnten erst große Versorgungsgebiete wirtschaftlich beherrscht werden, so daß mit diesem Zeitpunkt der rasche Aufschwung der elektrischen Energie einsetzte. Die Elektrizität verdrängte nun alle anderen Energien für Licht und Kraft, im Haushalt, Gewerbe, Landwirtschaft und Industrie und beherrscht heute die Energieversorgung.

So hat sich im Laufe der Zeit die Energiewirtschaft in mehrere große Gebiete gespalten, als deren wesentlichste die Kohlenwirtschaft, die Wirtschaft der flüssigen Treibstoffe, die Gaswirtschaft und die Elektrizitätswirtschaft anzuführen sind.

In der Kohlenwirtschaft wird weitaus der größte Teil der Kohle direkt dem letzten Verbraucher im Haushalt, Gewerbe, Land-

wirtschaft und Industrie zugeführt. Dem Verkehr fließen im Weltdurchschnitt gegen ein Fünftel der gesamten Kohle zu. Auch im
Haushalt wird nicht viel weniger verbraucht. Für die Umwandlung
in Kraft mußte die Kohle bisher den Umweg über die Dampferzeugung beschreiten, so daß die Wärme nur mit rd. einem Drittel in Kraft umgesetzt werden konnte.

In Deutschland wird fast die Hälfte der Kohle veredelt, wobei
unter Veredelung das Verkoken, Brikettieren, Verschwelen, Stromumwandlung und Hydrieren verstanden wird. Beim Verkoken
wird aus Steinkohle durch Erhitzen unter Luftabschluß Koks erzeugt, wobei die Kohle Gas und Teer abgibt. Aus 1 kg Kohle
entstehen rd. $^3/_4$ kg Koks. Die Kokereigase werden chemisch verwertet und als Ferngase bis zu mehreren 100 km verschickt. — Beim
Schwelen ist Teer das Hauptprodukt. In Deutschland wird fast
nur Braunkohle geschwelt, da der dabei anfallende feinkörnige
Braunkohlen-Schwelkoks (Grudekoks) wenigstens im beschränkten
Ausmaß für Haushaltfeuerungen in eigenen Grudeöfen absetzbar
ist. In England wird auch Steinkohle geschwelt, weil die Teerausbeute wesentlich größer ist und dort der anfallende Steinkohlen-
Schwelkoks in offenen Haushaltkaminen Verwendung findet. —
Durch Hydrieren wird Benzin aus Braunkohlenteer, Braunkohle
oder jüngerer Steinkohle unter Drücken von rd. 200 at hergestellt.
So wird der Energieträger Kohle weitgehendst zum chemischen
Rohstoff. Die gesamte Kohlenwirtschaft wird dadurch immer
mehr beeinflußt. Immer stärker tritt die Wichtigkeit der Kohle
als Rohstoff in den Vordergrund. Auf billige Weise wird auch
Benzin erzeugt, indem aus Braunkohle Schwelteer gewonnen wird,
der dann gekrakt wird. (Kraken = chemische Spaltung der
Kohlenwasserstoffe.) Die Benzinausbeute ist jedoch bei diesem Verfahren wesentlich geringer. Zu erwähnen ist noch, daß beim
Hydrieren und Kraken als Nebenprodukt Propan und Butan
anfallen, die als Flaschengas im verflüssigten Zustand Verwendung finden.

Die Erdölgewinnung geht auf das Jahr 1859 zurück. Heute
wird aus Erdöl hauptsächlich Benzin gewonnen, das als Treibstoff
für Vergasermotoren dient. Ursprünglich wurde lediglich Leuchtpetroleum aus Erdöl erzeugt. Im übrigen wurde es ungereinigt
verfeuert. Heute wird durch „Destillation" das Rohöl in seine
Bestandteile zerlegt und zwar in Benzin, das im Mittel bei 150° C
verdampft, Petroleum, das bei 150—300° C siedet, Mittelöle (Siedetemperatur 300—350° C), Schmieröle (Siedetemperatur 350° C)
und pech- und asphaltartige Rückstände. Die Mittelöle werden als
Gasöle zum Betrieb von Dieselmotoren und als Heizöle zur Ver-

feuerung unter Kessel verwendet. Die Rückstände dienen dem Straßenbau und der Dachpappenerzeugung. Es wird aber auch vielfach das allerdings wesentlich teurere „Kraken" angewendet, das die Kohlenwasserstoffe des Rohöles unter hoher Temperatur chemisch spaltet und eine Benzinausbeute von rd. $^2/_3$ gegenüber knapp $^1/_4$ beim Destillieren ermöglicht.

Die Gaswirtschaft ist vor dem Auftreten der Elektrizitätswirtschaft von hoher Bedeutung gewesen, da sie die Ortsgebundenheit, die damals den übrigen Energiequellen anhaftete, aufhob und durch die Fortleitung des Gases in Rohren große Möglichkeiten erschlossen wurden. Außerdem hat Gas den Vorteil, daß es billig in großen Mengen gespeichert werden kann. In Deutschland wird Gas ungefähr zur Hälfte als Stadtgas und zur anderen Hälfte in Kokereien aus Kohle erzeugt. Bei der Herstellung von Stadtgas wird die Kohle verkokt, wobei zur Vermehrung der Gasausbeute ein Teil des Kokses der beim Verkoken entsteht, nochmals unter Dampfzusatz teilweise zu Wassergas vergast wird. Die Stadtgaserzeugung ist besonders in England von großer Bedeutung, wogegen in den V.St.A. vorwiegend Erdgas und Abgase aus Ölraffinerien verwertet werden. Die Verwertung der Abfallgase der Hochöfen, das sog. Gichtgas, vorwiegend im Haushalt für Wärmezwecke verwendet, ist ebenfalls nicht zu unterschätzen.

Für Straßenbeleuchtung wird immer noch Gaslicht angewendet. Mehr als die Hälfte der gesamten öffentlichen Verkehrsbeleuchtung im Reich wird heute mit Gas durchgeführt, was wenig bekannt ist. Auf diesem Gebiet wird sich das Gas auch weiter behaupten, da es sehr erwünscht ist, daß speicherfähiges Gas eine Energielieferung übernimmt, die zum Teil in die Spitzenzeit fällt und damit die nur beschränkt speicherfähige elektrische Energie entlastet. Die Gasstraßenleuchten sind außerdem heute so entwickelt, daß sie den elektrischen Leuchten ebenbürtig sind und ebenso zentral gezündet und gelöscht werden können wie diese.

Die Gaswerke haben schon Gasfernleitungen gebaut, die es ermöglichen, bis zu 100 km im Umkreis die Versorgung durchzuführen. Die Zusammenlegung kleinerer Gaswerke untereinander bringt jedoch meist keine weiteren Vorteile. Ferngas aus Kokereien wurde schon auf 200 km übertragen. Jedenfalls ist aber Gas nicht so transportfähig wie Elektrizität und kann nur dicht besiedelte Gebiete wirtschaftlich versorgen. Auch die Ortsverteilung ist bei Gas teurer als bei Strom.

Als bemerkenswert sei noch hervorgehoben, daß in den V.St.A. die Gaswirtschaft ganz unter dem Einfluß des Erdgases steht. — Die Erdgaswerke haben gewaltige Ferngasleitungen bis zu fast

2000 km Länge, die weite Gebiete des Landes durchziehen. Das gesamte Erdgasrohrnetz hat eine Länge von fast 300000 km. Die schmiedeeisernen Leitungen haben bis 600 mm Durchmesser und verteilen das Gas unter 35—45 at Druck, wobei nach je etwa 100 km Leitungslänge Verdichtungsanlagen eingeschaltet werden. Das Gas wird in Tiefen von 50 bis etwa 3000 m gefunden. Es kommen Ergiebigkeiten von Millionen m³ Gas je Tag vor. Eine einzige Gasquelle in den V.St.A. wäre imstande, nahezu den gesamten derzeitigen Gasverbrauch Deutschlands zu liefern. Der Erdgasverbrauch je Kopf der gasversorgten Bevölkerung ist daher mit über 2000 m³ im Jahr fast 10 fach so groß wie der Verbrauch von hergestelltem Gas in Deutschland.

Über die Elektrizitätswirtschaft wird noch ausführlich gesprochen, so daß hier nur festgehalten werden soll, daß sie in der Energiewirtschaft wohl die überragendste Bedeutung hat. Infolge des Umstandes, daß die elektrische Energie wirtschaftlich so weit und leicht übertragbar ist, wurde erst die Ausnützung der deutschen Braunkohle und besonders der ortsgebundenen Wasserkräfte möglich. Die elektrische Energie läßt sich auch in kleinen Leistungen auf viele Stellen verteilen und in verschiedene Formen umwandeln. Immer neue Anwendungsgebiete werden erschlossen, so daß die Bedeutung der Elektrizitätswirtschaft noch immer weiter steigen wird.

V. Zukunftsaussichten.

Ausnützung schlummernder Energien (Sonnenenergie, Erdwärme, Wärmegefälle, Wasserverdunstung, Ebbe und Flut, Atomzertrümmerung), Ausnützung der Windkraft.

Wie schon früher festgestellt wurde, wird es auf dem Gebiete der Energiewirtschaft für den Techniker noch ganz große Aufgaben zu lösen geben, wenn die menschliche Kultur nicht ihrem Ende einmal entgegengehen soll. In den Händen des Technikers wird es liegen, die Pessimisten, die immer wieder mit der Erschöpfung der nicht erneuerungsfähigen Energievorräte einen Untergang der gesamten Wirtschaft voraussagen, eines Besseren zu belehren. Denn die Erde verfügt über Energien, die von den Menschen noch nicht ausgenützt werden und unbegrenzte Möglichkeiten eröffnen. Es sei hier nur die Sonnenenergie, die im Erdinnern aufgespeicherte Wärme, das ozeanische Wärmegefälle, die Wasserverdunstung, Ebbe und Flut und letzten Endes die Atomzertrümmerung genannt. Die Sonnenenergie allein würde mehrere 10000 Male den Weltenergiebedarf decken können. Auf allen diesen Gebieten werden bereits Versuche gemacht und lassen

Versuchsanlagen teilweise schon Ergebnisse erwarten. Zu praktischen Auswertungen ist es bisher jedoch nicht gekommen, so daß es verfrüht wäre, darauf näher einzugehen.

Auf dem Gebiete der Ausnützung der Windkraft liegen dagegen schon Erfahrungen vor, die zu Hoffnungen berechtigen, daß in absehbarer Zeit größere Energiemengen gewonnen werden können. Windkraftanlagen sollen daher näher behandelt werden.

Die Schwierigkeiten, die sich bisher der praktischen Verwendung im größeren Umfang entgegengestellt haben, waren darin gelegen, daß die Anlagen kostspielig waren und dadurch eine Wirtschaftlichkeit nicht gut erreichbar war. In letzter Zeit wurden jedoch in dieser Hinsicht große Erfolge erzielt. In der Größenordnung zwischen 5 und 50 kW werden heute schon komplette Windkraftanlagen ohne elektrische Stromerzeugungsanlage um im Mittel 400 RM je kW hergestellt. Bei Windelektroanlagen kostet die Akkumulatorenbatterie beinahe ebensoviel wie die ganze Windkraftanlage. In der gleichen Höhe bewegen sich die Preise für das notwendige Reserveaggregat, bestehend aus einem Dieselmotor, Gasmotor oder Holzgasgenerator samt Gebäude. Eine komplette Windelektroanlage mit Batterie und Reserveaggregat in der Größenordnung zwischen 5—50 kW kann daher um etwa 1500 bis 1100 RM je kW fix und fertig hergestellt werden. Eine solche Anlage ist auch in lieferungstechnischer Hinsicht anderen Stromlieferwerken gleichwertig. Eine Beschränkung liegt lediglich darin, daß wesentlich größere Leistungen in der Anschaffung je kW beträchtlich teurer werden und daß derzeit praktisch nur Gleichstromerzeugung in Frage kommt. Die Umwandlung der Windenergie in elektrische Energie stößt nämlich hinsichtlich des Drehzahlverhaltens des Windrades und des elektrischen Generators auf Schwierigkeiten. Beim Windrad steigt die Drehzahl proportional mit der Windgeschwindigkeit, der elektrische Generator soll hingegen wegen der Konstanthaltung der Spannung mit möglichst konstanter Drehzahl laufen. Der Gleichstromgenerator läßt sich so bauen, daß er Schwankungen in der Drehzahl innerhalb gewisser Grenzen verträgt. Bei Drehstrom ist aber neben der Spannung auch noch die Frequenz genau konstant zu halten, so daß ein unmittelbarer Antrieb eines Synchrongenerators durch ein Windrad vorerst nicht gut möglich erscheint. Man hat Versuche mit Asynchrongeneratoren, mit Antrieb des Synchrongenerators durch einen Gleichstrommotor und mit Zwischenschaltung einer Umformeranlage mit gittergesteuerten Wechselrichtern zwischen Synchrongenerator und Netz gemacht. Es würde zu weit führen auf alle diese noch nicht abgeschlossenen Versuche hier näher einzugehen, die wesentliche Verteuerungen, Komplikationen und Wirkungsgradverschlechterungen mit sich bringen und daher nur bei Großanlagen diskutabel sind. Es sei nur noch darauf verwiesen, daß laut theoretischen Untersuchungen auch ein Synchrongenerator bei Antrieb durch ein Windrad über größere Windgeschwindigkeitsbereiche mit konstanter Drehzahl laufen kann, wenn ein Parallelbetrieb mit einem genügend starren Netz erfolgt und eine mechanische Leistungsregelung (Flügelverstellung) vorgesehen ist. Jedenfalls geht die Frage der Drehstromerzeugung mit Windkraft und die Möglichkeit des Verbundbetriebes von Wind- und Wärmekraftanlagen ihrer Lösung entgegen und es können alle übrigen technischen Schwierigkeiten, die sich der Ausnützung der Windkraft entgegengestellt hatten, heute als überwunden bezeichnet werden.

Die Ausnützung der Windkraft geht auf viele Jahrhunderte zurück und hat sich von der primitiven Windmühle zur modernen Windelektroanlage entwickelt (Abb. 8).

Abb. 8. Wind-Elektro-Anlage mit 15 kW Gleichstromgenerator, Akkumulatorenbatterie und Reservediesel, Turmhöhe 20 m (errichtet von der Firma Köster, Heide/Holstein).

Die Unregelmäßigkeit des Windes und die teuren Anlagen führten ursprünglich dazu, Windkraftanlagen vorerst dort anzuwenden, wo keine regelmäßige Krafterzeugung gefordert wird, also zum mechanischen Antrieb von Arbeitsmaschinen z. B. für die Trinkwasserversorgung, in landwirtschaftlichen Betrieben, für Be- und Entwässerungspumpen und Mühlen. Auch wird in elektrische Energie umgewandelt ohne daß Reserven vorgesehen werden. Der Strom wird dann für Raumheizung, Heißwasserbereitung usw. verwendet. Anlagen in Verbindung mit Akkumulatorenbatterie und kalorischen Reserven liefern den Strom für ganze Ortschaften, insbesondere dort, wo elektrische Verteilleitungen in weiten Gebieten fehlen.

Bisherige Erfahrungen besagen, daß Windkraftanlagen von etwa 1—200 kW ihre Betriebstüchtigkeit, Verläßlichkeit und Wirtschaftlichkeit voll bewiesen haben. Windelektroanlagen von z. B. 50 kW haben auf etwa 30 m hohen Eisenkonstruktion- und Eisenbetontürmen mehrflügelige Windräder, die Gleichstromgeneratoren antreiben. Die Windräder sind aus hochwertigem Holz gefertigt und haben Durchmesser von rd. 20 m. Sie haben seitlich angebrachte Windrosen, die eine selbsttätige Einstellung in den Wind bewirken. Neuartige, nach aerodynamischen Gesichtspunkten gebaute Windpropeller, die ohne Steuer und Seitenfahne arbeiten, sind derzeit in einer Versuchsanlage in Erprobung. Eine sog. Absegelvorrichtung sorgt dafür, daß die Umdrehungsgeschwindigkeit einen bestimmten, einstellbaren Wert nicht überschreitet. Der Gleichstrom(Gegenschluß)generator wird über Kegelräder angetrieben und arbeitet auf eine Batterie, die das Netz speist. Die Windräder laufen bei Windgeschwindigkeiten von etwa 3—4 m pro Sekunde selbst an, wobei die Leistungsabgabe noch sehr gering ist (Drehmoment ändert sich quadratisch mit der Windgeschwindigkeit) und erreichen ihre höchste Leistung meist bei einer Windgeschwindigkeit von 10—12 m pro Sekunde. Bei höheren Windgeschwindigkeiten treten die Absegelvorrichtungen in Tätigkeit. Diese Absegelvorrichtungen können meist auch von Hand aus bedient werden. Im Verein mit Bremsvorrichtungen kann die Drehzahl des Windrades gebremst oder das Windrad ganz abgestellt werden.

Das Verhältnis der Leistung an der Welle des Windrades zur gesamten im freien Luftraum vom Durchmesser des Windrades vorhandenen Leistung wird als „Leistungsbeiwert" bezeichnet und gibt die Güte des Windrades an. Er kann theoretisch höchstens den Wert 0,6 erreichen, was durch die unvermeidliche Abflußgeschwindigkeit des Windes bedingt wird. Mit den nach aerodynamischen Grundsätzen gebauten schnellaufenden, propellerartigen Windflügeln (Flügelzahl 2—4) wurden bereits Leistungsbeiwerte von fast 0,5 erzielt. Wenn noch die Wirkungsgrade der mechanischen Übertragung und des elektrischen Generators berücksichtigt werden, dann ergeben sich Gesamtwirkungsgrade bis zu den Generatorklemmen von etwa 0,25 bis 0,35. Die Um-

drehungsgeschwindigkeiten der Windflügel sind je nach der Type
der Anlage verschieden und schwanken zwischen 15 und 100 Um-
drehungen in der Minute. Ein günstiger Wert ist erfahrungsgemäß
ein Verhältnis von 4 bis 5 der Umfangsgeschwindigkeit der Wind-
flügelenden zur Windgeschwindigkeit.

Derartige Anlagen können theoretisch in besonders günstigen
Gebieten bis zu 6000 Stunden im Jahr betrieben werden. Praktisch wurden jedoch solche Ausnützungen noch nicht erreicht, was
hauptsächlich darauf zurückzuführen ist, daß die Batterien verhältnismäßig klein gehalten sind und dadurch die volle Wind-
darbietung, die meist nicht benötigt wird, gar nicht ausnützbar
ist. Größere Batterien sind nicht mehr wirtschaftlich, weil die
Windelektroanlagen im allgemeinen auch parallel mit einer kalorischen Reserve arbeiten, die für die Deckung des Energiebedarfes
in windstillen Zeiten unerläßlich ist.

Kleinste Anlagen, die vorwiegend in Amerika und Dänemark Verwendung finden, können ebenfalls abschließend dahin-
gehend beurteilt werden, daß sie den an sie gestellten Anforderungen voll entsprechen. Sie dienen in erster Linie für die Beleuchtung
einzelner Häuser oder kleiner Betriebe und arbeiten mit Gleich-
stromKleinstspannungen mit Akkumulatorenbatterie, jedoch ohne
Reserveanlagen.

Großwindkraftanlagen wurden bisher nur in Amerika und
nur ganz vereinzelt bis zu einer Leistung von rd. 1000 kW ausgeführt, so daß noch keine praktischen Ergebnisse darüber vorliegen.
Das Windrad einer solchen Anlage hat einen Durchmesser von
über 50 m und verlangt daher große und kostspielige Hochbauten.

Die Versuche gehen aber weiter, um so mehr, als man heute
weiß, daß in großen Höhen der Wind stetiger und die Windgeschwindigkeit größer ist. Bauhöhen von 200—300 m stehen bereits zur
Debatte. Könnte doch ein Windrad von etwa 120 m Durchmesser
in einer Höhe von etwa 250 m bei günstigen Windverhältnissen
mehr als 10000 kW Leistung abgeben. Selbst bei so großen Leistungen wird aber vielleicht die Möglichkeit, höhere Windgeschwindigkeiten und bessere Windstetigkeiten zu erzielen, nicht den Bau
so teurer Türme wirtschaftlich rechtfertigen können. Wenn es
gelingt, einwandfrei arbeitende Großwindkraftanlagen wirtschaftlich zu gestalten, dann ist die zu gewärtigende Energieknappheit
gebannt; denn die Windkraft steht uns in viel Dutzendmal grö-
ßerem Umfange zur Verfügung als die Wasserkraft.

Jedenfalls geht auch auf diesem Gebiet das Deutsche Reich
wieder führend voraus, um die bisher in allen Ländern noch immer
fehlenden Grundvoraussetzungen für die richtige Projektierung

von Windkraftanlagen zu schaffen. Es wurde zu diesem Zwecke das ganze Land mit einem engmaschigen Netz von Beobachtungsstationen überzogen, die die Windverhältnisse laufend aufzeichnen, um für alle Gebiete die Windhäufigkeit und Windgeschwindigkeit festzustellen. (Über die Tageszeiten verteilt, ist nachts die Windgeschwindigkeit meist am höchsten, mittags dagegen am geringsten. In der Nähe der Meere und am Meere selbst wurde die höchste Gleichmäßigkeit festgestellt.) Weiters arbeiten in Weimar seit längerem Versuchsanlagen unter der Aufsicht erster Fachleute, die laufend Messungen und Prüfungen durchführen. In Thüringen wird eine größere Windkraftversuchsanlage errichtet, die im Verbund mit einem Überlandwerk betrieben werden soll.

Die wirtschaftliche Erschließung der weiten Gebiete im Osten rückt die Nutzbarmachung der Windkraft in das unmittelbare Aufgabengebiet der Gegenwart. Sind doch dort besonders günstige Bedingungen vorhanden und ist in den entlegenen Gebieten eine Elektrifizierung und Mechanisierung der Landwirtschaft auf andere Art derzeit überhaupt nicht gut denkbar.

So kann das Kapitel „Energiewirtschaft" mit dem Ausblick abgeschlossen werden, daß die Windkraft auf diesem Gebiet schon in der nächsten Zukunft jene Rolle spielen möge, die ihr auf Grund ihres reichen Vorkommens zusteht. Hiermit würde sie auch einen wesentlichen Beitrag zur Entlastung der Kohle und des damit im Zusammenhang stehenden Transportwesens leisten.

Zweites Kapitel.

Elektrizitätswirtschaft.

I. Allgemeines.

Stellung der Elektrizitätswirtschaft zur allgemeinen Energiewirtschaft, Aufgaben der Elektrizitätsversorgungsunternehmungen (EVU), staatlicher Einfluß auf die öffentliche Stromversorgung, Zusammensetzung der EVU in Großdeutschland.

Bisher wurde die Energiewirtschaft im allgemeinen behandelt. Aus den Ausführungen war schon zu ersehen, daß in der Energiewirtschaft die Umwandlung in elektrische Energie alle anderen Energieumwandlungsprozesse an Bedeutung überragt.

Die elektrische Energie läßt sich leicht und weit übertragen und an Ort und Stelle gebracht, bequem und ohne unerwünschte Begleiterscheinungen wieder in andere Energieformen, wie z. B. Licht, Schall, Wärme, Bewegung u. dgl. umwandeln. Sämtliche Fertigungsverfahren benötigen bestimmte Energiemengen, für deren Beistellung elektrische Energie besonders geeignet erscheint. Es ist daher nur zu begreiflich, daß die elektrische Energie für die gesamte Wirtschaft von so ausschlaggebender Bedeutung wurde, daß man mit Recht von ihrer Unentbehrlichkeit für dieselbe spricht.

Die elektrische Energieerzeugung wird vorwiegend in öffentlichen Elektrizitätsversorgungsunternehmungen für alle Bevölkerungsschichten vorgenommen. Dabei verstehen wir unter Elektrizitätsversorgungsunternehmungen solche Unternehmungen, die andere mit Energie versorgen, der Allgemeinheit dienen, also öffentliche Versorgungswirtschaft betreiben. Im Großdeutschen Reich werden rd. 60 % der elektrischen Energie in Elektrizitätsversorgungsunternehmungen und 40 % in Eigenanlagen, insbesonders der Industrie, gewonnen. Die Volksgemeinschaft ist sohin berechtigt, zu verlangen, daß bei der Umwandlung tatsächlich höchste Wirtschaftlichkeit bei technisch bester Ausgestaltung erzielt wird, daß also die Preise bei sicherster Belieferung möglichst niedrig werden. Dies ist neben der außerordentlichen Bedeutung der Elektrizitätswirtschaft für die gesamte Wirtschaft auch der Grund, warum fast alle Staaten der Welt eine staatliche Lenkung oder mindestens Einflußnahme auf die Elektrizitätswirtschaft anstreben. Im Großdeutschen Reich wurde durch die im Jahre 1935 erfolgte Herausgabe des Energiewirtschaftgesetzes, das die Unterstellung aller Elektrizitätsversorgungsunternehmungen unter die Reichsaufsicht verfügt, eine einheitliche Führung im Interesse des Gemeinwohles erreicht und die Energiehoheit des Reiches geschaffen. Die kürzlich erfolgte Gründung des Generalinspektorates für Wasser und Energie mit Ministerbefugnissen führte zu einer weiteren Konzentration auf diesem Gebiet.

Im Großdeutschen Reich sind nach den statistischen Angaben der Wirtschaftsgruppe Elektrizitätsversorgung derzeit mehr als die Hälfte aller größeren Elektrizitätsversorgungsunternehmungen öffentliche Unternehmungen in nicht privatrechtlicher Form, Eigenbetriebe von gewerblichen Körperschaften, Zweckverbände und andere öffentliche Unternehmungen. Der Rest der größeren Stromlieferungsunternehmungen verteilt sich auf die in privatrechtlicher Form geführten Unternehmungen, Aktiengesellschaften, G. m. b. H., Gewerkschaften, Kommanditgesellschaften, Einzelfirmen und Genossenschaften. Unter größeren Elektrizitätsversorgungsunternehmungen sind dabei Unternehmungen mit mehr als 500000 kWst nutzbarer Jahresabgabe verstanden. Die kapitalmäßige Beteiligung der öffentlichen Hand, des Reiches, der Länder, Gaue und der Gemeinden an den Elektrizitätsversorgungsunternehmungen, auch an den in privatrechtlicher Form geführten Unternehmungen, ist dabei ganz bedeutend.

In der Elektrizitätswirtschaft werden vielfach wirtschaftliche Untersuchungen anzustellen sein, die sich ergeben, wenn verschiedene Fragen an den Elektrizitätswirtschafter herantreten. Solche Fragen sind z. B. die Wahl von Dampf- oder Wasserkraft, von Stein- oder Braunkohle zur Verfeuerung, die Aufteilung der Leistung auf Stein- oder Braunkohle oder Wasserkraft im Verbundbetrieb, die Wahl von Eigenversorgung oder Fremdstrombezug, die Wirtschaftlichkeit der Stromabgabe an die verschiedenen Verbrauchergruppen usw.

Zur Beantwortung aller dieser Fragen ist die Aufstellung einer Stromgestehungskostenrechnung notwendig, die entweder mit Erfahrungswerten die vermutlich zu erzielenden Ergebnisse schätzt (Vorausrechnung), oder die tatsächlich aufgetretenen Werte verwendet (Erfolgsrechnung) und mit den Erfahrungswerten vergleicht. Im ersteren Falle dient die Rechnung vorwiegend zur Strompreisermittlung, im letzteren Fall zur Prüfung der Vorausrechnung, zur Betriebsüberwachung und für die Tarifbildung.

II. Grundbegriffe der Elektrizitätsversorgung.

Technische Maßgrößen, Belastungslinien, Ausnützungsfaktor, Belastungsfaktor, Benutzungsdauer, Anschlußwert, Belastungsgebirge, Verschiedenheitsfaktor, Gleichzeitigkeitsfaktor, Höchstlastziffer, geordnete Belastungslinien, Grundlast, Spitzenlast, Reservefaktor, Wasserspende und Belastung.

Zum besseren Verständnis der bei der Elektrizitätsversorgung
gebräuchlichen Ausdrücke und Berechnungen sind vorerst einige
elektrotechnische Maßgrößen und Grundbegriffe zu erklären. Bei
den Ausführungen über Wechselstrom soll versucht werden mit
der Wellenlinie auszukommen, um das nähere Eingehen auf die
mehr Vorstellungskraft verlangende vektorielle Darstellung der
Wechselstromgrößen zu vermeiden.

Wird ein elektrisches Verbrauchsgerät (Glühlampe, Motor, Heiz-
körper) oder eine Verbrauchergruppe (Wohnungsinstallation, Orts-
netz, Fabriksbetrieb) eingeschaltet, d. h. an die Spannung des
elektrischen Versorgungsnetzes angelegt, so fließt ein Strom durch,
dessen Stärke (gemessen in Ampere) direkt proportional ist der aufgedrückten Spannung (gemessen in Volt) und verkehrt proportional dem Widerstand des Verbrauchers (gemessen in Ohm), den
dieser dem Stromdurchfluß entgegensetzt.

Das ist das Ohmsche Gesetz, es lautet:

$$\text{Strom in Amp.} = \frac{\text{Spannung in Volt}}{\text{Widerstand in Ohm}}.$$

Dem Verbraucher wird durch den Stromfluß elektrische Arbeit
aus dem Netz zugeführt, die er je nach seiner Art in Wärmeenergie
oder in mechanische oder chemische Energie umwandelt. Die Inten-
sität dieses Vorganges ist gekennzeichnet durch die elektrische
Arbeitsmenge, die der Verbraucher in der Zeiteinheit aufnimmt.
Diese wird als Leistung bezeichnet, ist proportional der dem
Verbraucher aufgedrückten Spannung und der dadurch hervor-
gerufenen Stromstärke und wird in Kilowatt (kW) = 1000 Watt
gemessen.

Das ist die Leistungsgleichung, sie lautet:

$$\text{Leistung in kW} = \frac{\text{Spannung in Volt} \times \text{Strom in Amp.}}{1000}.$$

Die elektrische Arbeitsmenge, die ein Verbraucher dem Netz
während einer bestimmten Zeit entnommen hat, ist gleich dem
Produkt aus seinem Leistungsbedarf und der Benutzungsdauer in
Stunden. Die Einheit der elektrischen Arbeit ist die Kilowattstunde (kWst).

Das ist die Arbeitsgleichung, sie lautet: Arbeit in kWst
= Leistung in kW × Benutzungsdauer in Stunden.

Die Leistungsgleichung: Leistung $= \dfrac{\text{Spannung} \times \text{Strom}}{1000}$ gilt in jedem Falle, sofern nur Spannung und Strom mit den im betrachteten Augenblick tatsächlich gleichzeitig vorhandenen Werten eingesetzt werden.

Bei **Gleichstrom** ist diese Gleichzeitigkeit von vornherein ständig dadurch gegeben, daß sich die Größe von Spannung und Stromstärke mit der Zeit überhaupt nicht ändert, sofern der Widerstand des Verbrauchers unverändert bleibt.

Bei **Wechselstrom** dagegen, der wegen seiner Transformierbarkeit auf höhere Übertragungsspannungen für die Stromversorgung fast ausschließlich verwendet wird, ändern Spannung und Strom ständig ihre Größe und es gilt hier die Leistungsgleichung wohl für jedes einzelne zusammengehörige Paar von Augenblickswerten, meist aber nicht für die Durchschnittswerte von Spannung und Strom, die man statt den wechselnden Augenblickswerten einführen muß, da mit letzteren eine Rechnung unmöglich wäre. Die Leistungsgleichung wird daher, um für Wechselstrombetrieb gültig zu sein, einer Abänderung bedürfen. Und zwar ist hier das Produkt aus Strom und Spannung noch mit einem Ergänzungsfaktor zu multiplizieren. dem sogenannten **Leistungsfaktor**, der mit $\cos \varphi$ bezeichnet wird und im Durchschnitt bei 0,8 liegt.

Die ergänzte Leistungsgleichung bei Wechselstrom lautet dann:

$$\text{Leistung in kW} = \frac{\text{Spannung in Volt} \times \text{Strom in Amp.} \times \cos\varphi}{1000}$$

Warum diese Ergänzung notwendig ist, kann, falls dafür Interesse besteht, aus folgender kurzen Darstellung der Wechselstromtheorie entnommen werden.

Bei Wechselstrom ist die Spannung, wie bereits bemerkt, nicht konstant, sondern sie pendelt zufolge der Art ihrer Erzeugung in Wechselstromgeneratoren z. B. 50 mal je Sekunde, also in aufeinanderfolgenden Perioden von $^1/_{50}$ sec Dauer, zwischen zwei entgegengesetzt gerichteten gleich großen Scheitelwerten ständig hin und her. Nach dem gleichen Gesetz pendelt auch die von dieser Wechselspannung durch den Verbraucher getriebene Stromstärke zwischen zwei Scheitelwerten (Abb. 9). Die vorerwähnten rechnerischen Durchschnittswerte von Wechselspannung und Wechselstrom werden so bestimmt, daß eine Gleichspannung bzw. ein Gleichstrom von ihrer Größe im Verbraucher den gleichen Effekt (z. B. Erwärmung) ergeben würde wie jene. Diese gedachten Mittelwerte der Wechselstromgrößen heißen daher **Effektivwerte**, sie betragen 70,7% der Scheitelwerte und sind, da sie als quadratische Mittelwerte gebildet werden, stets positiv. Auch die elektrischen Meßinstrumente zeigen nicht die Augenblickswerte sondern diese effektiven Durchschnittswerte an.

Ebenso sind in die Leistungsgleichung für Wechselstrom diese effektiven Durchschnittswerte von Strom und Spannung einzusetzen. Die Wechselstromleistung wird aber nur dann so wie bei Gleichstrom gleich sein dem

einfachen Produkt dieser beiden Effektivwerte dividiert durch 1000, wenn
Strom und Spannung ihre Scheitel- und Nullwerte gleichzeitig durchlaufen,
wenn sie phasengleich sind, wie zunächst im Diagramm angenommen.
Denn dann verlaufen die Augenblicksprodukte beider nach einer mit der
doppelten Wechselzahl zwischen Null und einem (wegen stets gleichem Vorzeichen beider Faktoren) auch in der zweiten Halbperiode positiven Scheitelwert pendelnden Linie, deren Durchschnittswert gleich ist ihrem halben
Scheitelwert. Da der Scheitelwert gleich ist dem Produkt aus der Scheitelspannung und dem gleichzeitig auftretenden Scheitelstrom, also gleich

$$\frac{\text{Effektivwert der Spannung}}{0{,}707} \times \frac{\text{Effektivwert des Stromes}}{0{,}707}$$

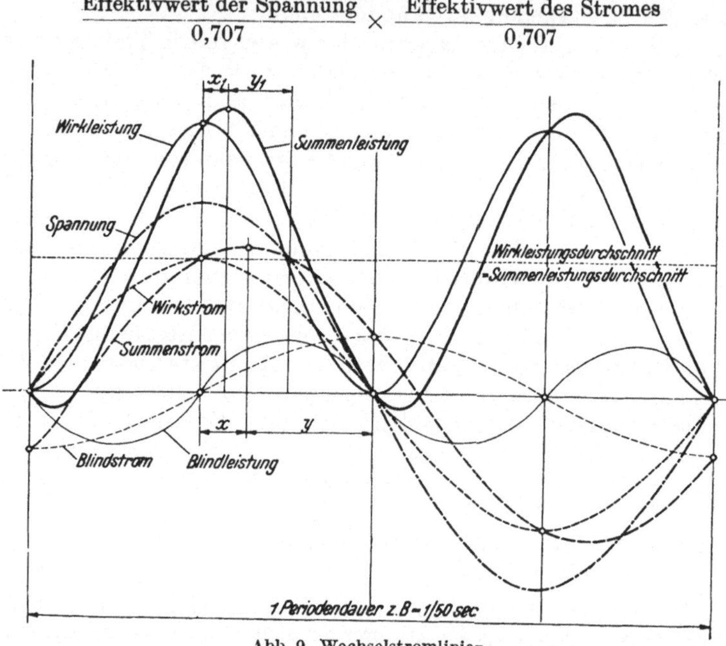

Abb. 9. Wechselstromlinien.

oder, ausmultipliziert, gleich dem zweifachen Produkt der Effektivwerte, so
ist seine Hälfte, das ist die Durchschnittsleistung, gleich dem einfachen
Produkt der Effektivwerte von Strom und Spannung. Um die Leistung in
Kilowatt zu erhalten, ist das Produkt noch durch 1000 zu dividieren.

Die Voraussetzung für die Gültigkeit der Leistungsgleichung in dieser einfachen Form, nämlich die Gleichzeitigkeit von Scheitelspannung und Scheitelstrom oder die Phasengleichheit von Strom und Spannung, ist aber meist
nicht gegeben. Denn der Wechselstrom ruft sich selbst einen Begleiter, einen
Nebenstrom herbei, der zwar in mancher Hinsicht unerwünscht, aber doch
unentbehrlich ist, weil ohne ihn Elektromotoren und Transformatoren nicht
arbeiten könnten. Der ständige Wechsel der Stromstärke weckt nämlich in
der Umgebung des Stromleiters elektromagnetische Spannungszustände,
sog. Kraftfelder, die mit dem Anwachsen des Wechselstromes anschwellen
und bei seinem Abnehmen wieder verschwinden. Dieses fortgesetzte Ent-

stehen und Vergehen solcher Kraftfelder erzeugt durch Rückwirkung auf den Stromleiter (Selbstinduktion) in diesem einen Nebenstrom, der ebenfalls ein Wechselstrom gleicher Wechselzahl ist wie jener, der ihn hervorrief, aber diesem und damit auch der Spannung um ein Viertel einer Periodendauer nachhinkt. Auch für ihn läßt sich ein effektiver Durchschnittswert gleich 70,7% seines Scheitelwertes angeben. — Die Augenblicksprodukte dieses Nebenstromes mit der Spannung, also die Augenblickswerte der von ihm getragenen Nebenleistung, pendeln mit doppelter Wechselzahl zwischen Scheitelwerten, die aber hier abwechselnd positiv und negativ sind, weil die beiden Faktoren viertelperiodenweise abwechselnd gleiches und entgegengesetztes Vorzeichen haben. Der Mittelwert dieser Linie fällt in die Nullinie, der Durchschnittswert der Nebenleistung ist Null. Der Nebenstrom holt während einer Viertelperiode die zum Hervorrufen der Kraftfelder nötige elektrische Arbeitsmenge aus dem Netz, um sie in der nächsten Viertelperiode, wenn sie die Kraftfelder bei ihrem Erlöschen zurückgeben, wieder in das Netz zurückzutragen. Diese Arbeitsmenge pendelt nur zwischen Netz und Verbraucher, ohne sich in letzterem auszuwirken. Daher heißt der der Spannung um eine Viertelperiode nacheilende Nebenstrom auch Blindstrom, die von ihm getragene Nebenleistung vom Durchschnittswert Null auch Blindleistung. Im Gegensatz dazu wird der ursprüngliche mit der Spannung phasengleiche Strom, der sich im Verbraucher nutzbar auswirkt, als Wirkstrom bezeichnet und die von ihm getragene Leistung als Wirkleistung.

Wenn auch der Blindstrom keine Nutzleistung trägt, so muß er doch aus dem Netz geliefert werden und seine Augenblickswerte addieren sich mit jenen des Wirkstromes zu einem Summenstrom, der wieder ein Wechselstrom gleicher Wechselzahl ist, zwischen zwei entgegengesetzten gleichgroßen Scheitelwerten pendelt, die aber zufolge der Phasenverschiebung zwischen Wirkstrom und Blindstrom kleiner sind als die Summe der Scheitelwerte der Summanden. Der resultierende Summenstrom hinkt dem Wirkstrom und damit der Spannung um x Sekunden nach, er eilt dem Blindstrom um y Sekunden vor, wobei $x + y$ gleich einer Viertelperiodendauer ist. Vom Summenstrom wird eine Leistung getragen gleich den Produkten aus seinen Augenblickswerten mit jenen der Spannung. Diese Summenleistung pendelt mit gleicher Wechselzahl zwischen einem größeren positiven und einem kleineren negativen Scheitelwert, ihr Verlauf kann selbstverständlich auch durch Summierung der Wirkleistungslinie und der Blindleistungslinie erhalten werden. Ebenso ergibt sich der Durchschnittswert der Summenleistung gleich der Summe der Durchschnittswerte von Wirkleistung und Blindleistung, also, da letzterer Null ist, gleich dem ersteren. Die Summenleistung hinkt der Wirkleistung um x_1 Sekunden nach und eilt der Blindleistung um y_1 Sekunden vor. Es ist ersichtlich, daß $x_1 : x = y_1 : y$ ist.

Ist die Selbstinduktion des Verbrauchers, wie bei Glühlampen und Heizkörpern, verschwindend klein, entfällt also der Blindstrom und die Blindleistung, dann deckt sich der Summenstrom mit dem Wirkstrom und die Summenleistung mit der Wirkleistung, es liegt der schon früher besprochene Fall der Phasengleichheit vor, in dem die Leistungsgleichung:

$$\text{Leistung in kW} = \frac{\text{Effektivwert der Spannung} \times \text{Effektivwert des Stromes}}{1000}$$

gilt. Sind im anderen Grenzfall, wie annähernd bei leerlaufenden Motoren und Transformatoren mit hoher Selbstinduktion, Wirkstrom und Wirkleistung gegenüber Blindstrom und Blindleistung verschwindend klein, dann deckt sich der Summenstrom mit dem Blindstrom und die Summenleistung

hat, da sie sich mit der Blindleistung deckt, den Durchschnittswert Null.
Damit also die Leistungsgleichung bei Wechselstrom in jedem Falle bei
beliebig großer Selbstinduktion des Verbrauchers gültig ist, muß sie einen
Ergänzungsfaktor erhalten, den sog. Leistungsfaktor, der bei Phasengleichheit des Summenstromes mit der Spannung, also bei reinem Wirkstrom, den Wert 1 haben muß und der bei Phasenverschiebung des Summenstromes hinter die Spannung um eine Viertelperiode, also bei reinem Blindstrom, den Wert Null annimmt. Innerhalb dieser beiden Grenzfälle liegt er
zwischen 1 und 0. Die nähere, hier nicht wiederzugebende Rechnung zeigt,
daß dieser Faktor der cosinus eines gedachten Winkels φ ist, der
sich zu 90° so verhält, wie die Phasenverschiebung x zu einer Viertelperiodendauer. Dieser Leistungsfaktor $\cos \varphi$ ist also für Phasengleichheit vom Summenstrom und Spannung, d. h. für $x = 0$ gleich $\cos 0° = 1$ und für volle
Phasenverschiebung um $x = \frac{1}{4} \cdot \frac{1}{50} = \frac{1}{200}$ sec gleich $\cos 90° = 0$ und
liegt in allen anderen Fällen zwischen diesen Grenzwerten, z. B. für voll-
belastete Motoren im Durchschnitt bei 0,8.

Die Leistungsgleichung für Wechselstrom lautet somit in ihrer allgemein
gültigen Form: Leistung in kW

$$= \frac{\text{Effektivwert der Spannung} \times \text{Effektivwert des Summenstroms} \times \cos \varphi.}{1000}$$

Wenn auch demnach dem einfachen Produkt der Effektivwerte von
Spannung und Summenstrom mit Ausnahme des Grenzfalles reinen Wirkstromes keine wirklich vorhandene Leistung entspricht, so hat dieses Produkt, das deshalb als Scheinleistung bezeichnet und durch 1000 dividiert, in Kilovoltampere gemessen wird, doch auch eine praktische Bedeutung. Denn die Stromerzeuger, Transformatoren, Verteilungsleitungen,
Schaltapparate und sonstigen Stromversorgungseinrichtungen sind in ihren
Abmessungen, soweit die Isolation maßgebend ist, durch die Höhe der
Spannung bestimmt und soweit die Erwärmung bzw. die Abfuhr der bei

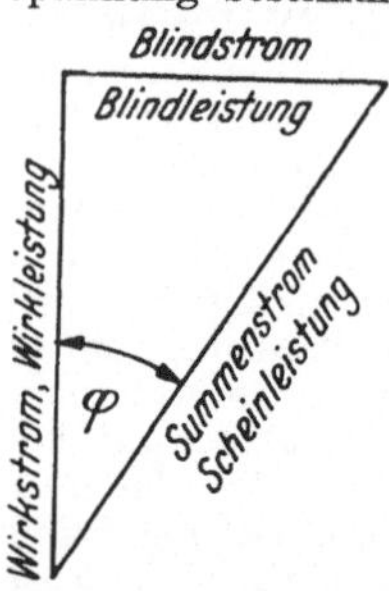

Abb. 10. Leistungs- und
Stromdreieck.

jedem Stromfluß unvermeidlichen Verlustwärme maßgebend ist, durch die Höhe des Gesamtstromes. Beide
Einflüsse wirken sich gesondert aus, ohne Rücksicht
auf eine Phasenverschiebung zwischen Strom und
Spannung. Denn wenn z. B. bei Bemessung einer
Leitung zu einer Drosselspule mit $\cos \varphi = 0$ nur die
Wirkleistung, die in diesem Falle Null wäre, berücksichtigt würde, so wäre überhaupt kein Leitungsquer-
schnitt erforderlich, obwohl der Blindstrom einen positiven Effektivwert hat. Demnach ist für die Bemessung
der Stromversorgungseinrichtungen ausschließlich die
Scheinleistung in Kilovoltampere maßgebend, gleich
dem Produkt der Effektivwerte von Spannung und
Summenstrom dividiert durch 1000, ohne Rücksicht
auf den Leistungsfaktor.

Die gegenseitige Verbindung der verschiedenen besprochenen Größen
durch den Begriff des Leistungsfaktors läßt sich in einfachster Weise durch
ein rechtwinkliges Dreieck (Abb. 10) darstellen, mit einem Winkel von der
Größe φ. Wird die Hypothenuse gleich dem Durchschnittswert der Scheinleistung gemacht, so ist die dem Winkel φ anliegende Kathete gemäß der
eben aufgestellten Leistungsgleichung gleich dem Durchschnittswert der
Wirkleistung. Die andere Kathete, gleich Scheinleistung mal $\sin \varphi$, stellt
den Durchschnittswert einer gedachten Blindleistung dar, die durch Multi-
plikation der Augenblickswerte der Spannung mit jenen des Blindstromes

entstünde, aber unter der Annahme, daß dieser mit der Spannung phasengleich wäre, also ebenso wie bei der Scheinleistung unter Weglassung des Leistungsfaktors. Dieser Blindleistung entspricht, so wie bei der Scheinleistung keine wirklich vorhandene Leistungsgröße, denn der tatsächliche Durchschnittswert der Blindleistung ist ja Null. Vielmehr dient sie gegebenenfalls nur der Erkenntnis, wie groß eine Einrichtung, z. B. ein Kondensator zu bemessen wäre, der zufolge seiner Eigenschaft, einen der Spannung voreilenden Strom aufzunehmen, die durch die Selbstinduktion des Verbrauchers verursachte Phasenverschiebung kompensieren könnte, wenn er neben diesem an das Netz angeschlossen würde.

Die drei Leistungsgrößen im Dreieck ergeben, durch die Spannung dividiert, in gleicher Reihenfolge die Effektivwerte des Summenstromes, des Wirkstromes und des Blindstromes. Diese stehen daher in der gleichen Beziehung, daß nämlich der Wirkstrom gleich ist dem Summenstrom mal $\cos \varphi$ und der Blindstrom gleich dem Summenstrom mal $\sin \varphi$, immer auf die Effektivwerte bezogen.

In der Praxis werden für die Erzeugung, Übertragung und Verwertung der elektrischen Energie, aus hier nicht näher auszuführenden Gründen der Zweckmäßigkeit, nicht einfache Wechselströme verwendet, sondern Verkettungen solcher zu sog. Drehstromsystemen.

Im Stromerzeuger werden in drei Wicklungen drei um je eine Drittelperiode gegeneinander phasenverschobene einfache Wechselspannungen erzeugt, die Phasenspannungen. Die drei Wicklungen sind mit ihren Enden einerseits in der Maschine im Sternpunkt miteinander verbunden, anderseits mit den drei Leitungen, die zur Verbrauchsstelle führen, wo die Stromkreise durch die dort angeschlossenen Verbrauchsgeräte geschlossen werden.

Bei dieser Sternschaltung der Generatoren setzen sich je zwei Phasenspannungen zu den verketteten Spannungen zusammen, die wegen der Phasenverschiebung zwischen den Phasenspannungen nicht das Doppelte sondern nur das $\sqrt{3} = 1{,}73$ fache derselben betragen, wie die Rechnung ergibt. Wird noch eine vierte Leitung, der Null-Leiter, vom Sternpunkt zur Verbraucherstelle geführt, so stehen dort sowohl die drei größeren verketteten Spannungen (z. B. 380 Volt) zwischen den Außenleitern, etwa für den Anschluß eines Drehstrommotors zur Verfügung, wie auch zwischen den drei Außenleitern und dem Null-Leiter die drei kleineren Phasenspannungen $\left(\dfrac{380}{1{,}73} = 220 \text{ Volt} \right)$ etwa für den Anschluß von Glühlampen, Heizgeräten oder kleineren Einphasenmotoren.

Die Stromstärken. die an der Verbrauchsstelle zwischen je zwei Außenleitern abgenommen werden, setzen sich, ähnlich wie im Generator die Phasenspannungen zu den verketteten Spannungen, hier zu den $\sqrt{3} = 1{,}73$ mal so großen verketteten Strömen zusammen, welche die Außenleiter durchfließen.

Die dem Drehstromnetz entnommene Leistung in kW ist somit gleich

$$\frac{1,73 \times \text{verkettete Spannung in Volt} \times \text{verketteter Strom in Amp} \times \cos\varphi}{1000}.$$

Nun kann auf die Grundbegriffe der Stromversorgung eingegangen werden.

Grundsätzlich ist vorauszustellen, daß die Elektrizität nicht mit einer Ware verglichen werden kann, die man auf Lager legt und dann nach Bedarf abverkauft, sondern daß jede Kilowattstunde im Augenblick ihrer Anforderung gewonnen und zugeführt werden muß. Dies bedingt, daß die Abnehmer die notwendige Ausbaugröße des Werkes und dessen Ausnützung bestimmen.

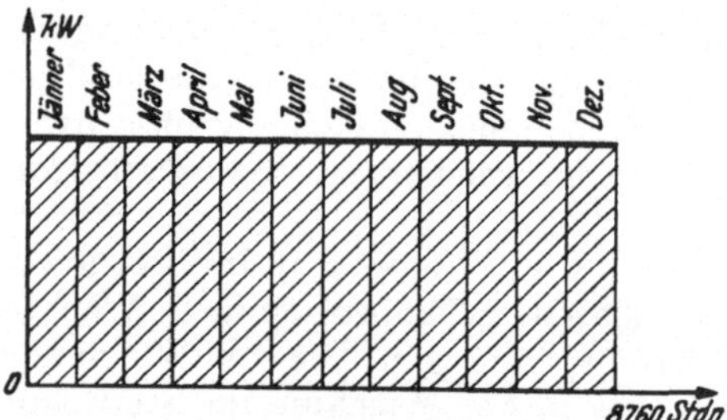

Abb. 11. Jahresbelastungslinie bei gleichmäßiger Abnahme.

Wenn z. B. im Idealfall ein Werk einen Abnehmer haben würde, der das ganze Jahr hindurch, also durch 8760 Stunden, Tag und Nacht gleichmäßig, die volle Maschinenleistung des Werkes beanspruchen würde, dann wäre die Maschinenanlage des Werkes das ganze Jahr hindurch gleichmäßig und voll belastet. Das Werk würde das Maximum an Arbeit abgeben. Die Jahresbelastungslinie wäre dann eine Gerade parallel zur Abszissenachse (Abb. 11).

Die schraffierte Fläche gibt die Anzahl der kWst an, die im Jahr abgenommen wurden (kW × Stunden).

Wenn nun die Abnahme nicht gleichmäßig, sondern z. B. so wie in einem Überlandelektrizitätswerk erfolgt, dann sieht die Jahresbelastungslinie, das sind die über den Ablauf eines Jahres aufgezeichneten mittleren Tagesleistungen, wie folgt aus (Abb. 12):

Die schraffierte Fläche ergibt wieder die Anzahl der im Jahr abgenommenen kWst.

Im ersten Falle sind die in einer bestimmten Zeit tatsächlich erzeugten kWst gleich den von den Maschinen maximal in dieser Zeit erzeugbaren kWst. Der „Ausnützungsfaktor" ist gleich 1.

Der „Ausnützungsfaktor"

$$= \frac{\text{gesamte geleistete Arbeit in einer bestimmten Zeit}}{\text{installierte Leistung} \times \text{Stundenzahl dieser Zeit}}.$$

Da im zweiten Falle die gesamte geleistete Arbeit im Jahr kleiner ist als die ausgebaute Leistung × 8760 Stunden, wird der Ausnützungsfaktor kleiner als 1 sein und um so kleiner werden, je schlechter die Anlage ausgenützt wird (Mittelwert 0,5).

Wird der Vergleich nicht auf die installierte Leistung, sondern auf die in einer bestimmten Zeit aufgetretene Spitze (siehe später) bezogen, dann spricht man vom „Belastungsfaktor".

Der „Belastungsfaktor"

$$= \frac{\text{gesamte geleistete Arbeit in einer bestimmten Zeit}}{\text{in dieser Zeit aufgetretene Spitzenleistung} \times \text{Stundenzahl dieser Zeit}}.$$

(Mittelwert 0,6.)

Die „Benutzungsdauer"

$$= \frac{\text{gesamte geleistete Arbeit in einer bestimmten Zeit}}{\text{in dieser Zeit aufgetretene Spitzenleistung}}.$$

Die Benutzungsdauer wird auch „Benutzungsstundenzahl der Spitze" genannt und stellt einen wichtigen Begriff dar, der später immer wieder gebraucht werden wird. Die Benutzungsdauer kann auch als die Anzahl der Stunden angesprochen werden in der dauernd mit der vollen Spitzenleistung gearbeitet werden müßte, um die tatsächliche Arbeit zu leisten. Jedenfalls ist zur eindeutigen Kennzeichnung der Benutzungsdauer der Zeitabschnitt auf dem sie

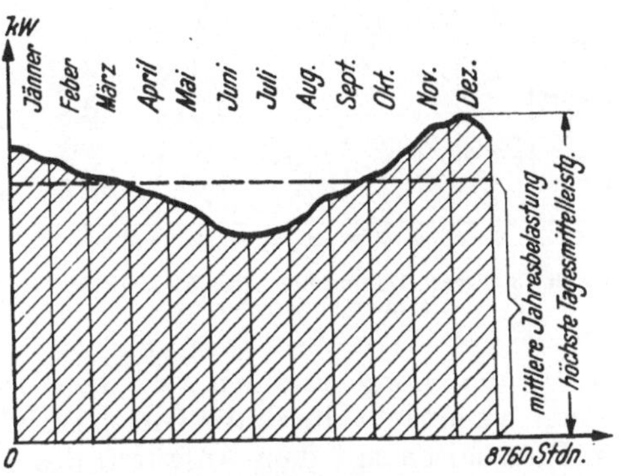

Abb. 12. Jahresbelastungslinie eines Elektrizitätsversorgungsunternehmens.

sich bezieht und die Stelle für die sie ermittelt wird anzugeben, also z. B. Jahresbenutzungsdauer, Monatsbenutzungsdauer usw. und Benutzungsdauer der installierten Leistung, der Zentralenhöchstleistung u. dgl. Es hat sich eingebürgert, unter Benutzungsdauer ohne nähere Angabe über Zeitabschnitt und Stelle die Jahresbenutzungsdauer bezogen auf die Höchstleistung zu verstehen.

Zum Verständnis dieser beiden Begriffe Belastungsfaktor und Benutzungsdauer ist die Kenntnis des Begriffes „Spitze" notwendig. Jeder einzelne Abnehmer hat eine bestimmte Zahl von elektrischen

Gebrauchsgeräten, Lampen, Apparaten, Motoren angeschlossen, deren Summe als „Anschlußwert" in kW bezeichnet wird. Diesen Anschlußwert wird der Abnehmer im Laufe des Jahres nie beanspruchen, da wohl nie alle Verbrauchsgeräte gleichzeitig mit Volllast in Betrieb sein werden.

Eine volle Gleichzeitigkeit wird sohin nicht auftreten. Nun hat heute jedes größere Elektrizitätsversorgungsunternehmen viele in ihrem Strombedarf untereinander verschiedene Abnehmer. Zu jeder Stunde werden andere Leistungsanforderungen, eben die schwankende Summe der Anforderungen aller Abnehmer, an das Werk gestellt werden. Wir können genau so wie früher die Jahresbelastungslinie entwikkelt wurde, eine Tagesbelastungslinie aufstellen. Sie stellt die einfachste Belastungskurve dar und bildet den Ausgangspunkt für alle Belastungsbilder.

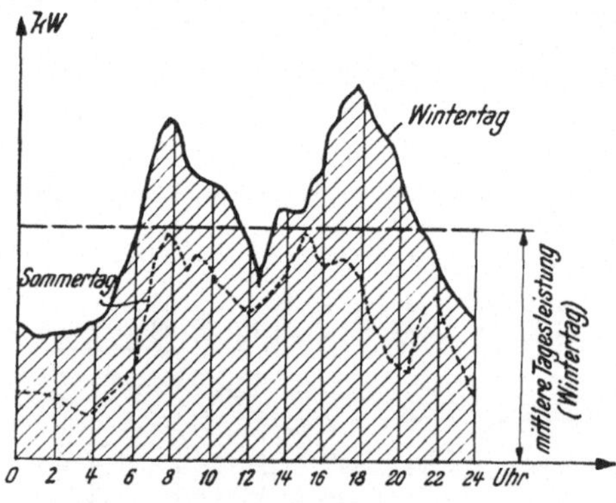

Abb. 13. Tagesbelastungslinie eines Elektrizitätsversorgungsunternehmens.

Wenn das Beispiel eines Elektrizitätsversorgungsunternehmens mit verschiedenartigen Abnehmern zugrunde gelegt wird, dann wird in der Nacht der geringste Verbrauch festzustellen sein. In den Morgenstunden wird die Belastungskurve steiler ansteigen, verursacht durch die Gleichzeitigkeit der Beleuchtung in den Haushalten mit dem Anfahren des Gewerbes und der Industrie. Die Mittagspause in den Betrieben wirkt sich in einer Mittagssenke aus. Am Nachmittag wird das Maximum der Belastung, die Tages-,,Spitze", dann auftreten, wenn der Lichtverbrauch noch in die Zeit der Motorenbelastung in den Betrieben fällt, was im Winter der Fall ist. Nach Schluß der Betriebe fällt die Belastung wieder ab, um in der Nacht ihr Minimum zu erreichen.

Die folgende Tagesbelastungslinie stellt die Belastung eines Stromlieferungsunternehmens mit verschiedenen Abnehmergruppen an einem Winterwochentag dar (Abb. 13).

Die Fläche des Diagrammes ergibt wieder die Arbeit in kWst. Auf der Abszisse als Grundlinie, ein dieser Fläche flächengleiches Rechteck errichtet, ergibt als Ordinate die mittlere Tagesbelastung (strichliert eingezeichnet). Jeden Tag wird dieses Diagramm anders aussehen, besonders bedingt durch die Jahreszeit und den damit veränderlichen Lichtbedarf. (Sommertagbelastung ist punktiert in Abb. 13 eingetragen.) Aber auch die Zusammensetzung der Abnehmergruppen beeinflußt die Belastungslinie entscheidend. Wenn z. B. die Großabnahme stark überwiegt, dann rückt die Nachmittagsspitze etwas zurück, die Sommer- und Winterspitze wird nicht so stark unterschiedlich sein. Die Nachtbelastung ist besser ausgeglichen, wenn Industriebetriebe mehrschichtig arbeiten. Bei

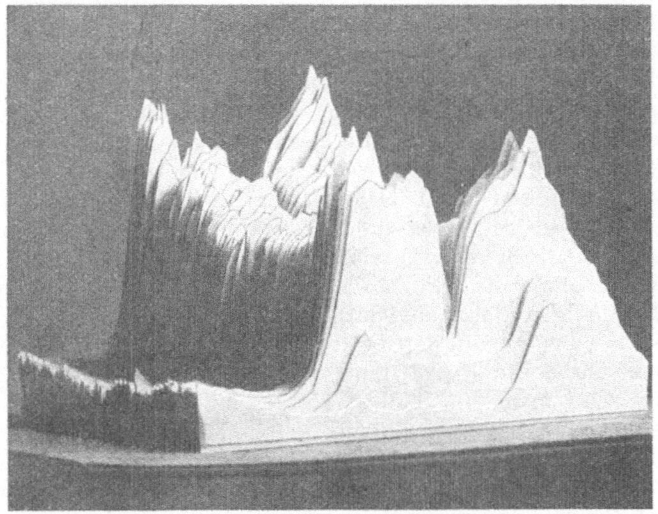

Abb. 14. Belastungsgebirge.

starkem Überwiegen der städtischen Kleinabnehmer verlagert sich die Winterabendspitze bis gegen 18 und 19 Uhr.

Grundsätzlich sehen wir, daß die Tagesbelastungslinie von den Abnehmern hervorgerufen wird. Es kann daher irreführen, wenn von der Belastungslinie eines Werkes gesprochen wird. Gemeint ist immer die Verbrauchslinie, die von den Abnehmern verursacht wird.

Die Tagesbelastungsdiagramme längs der Belastungslinien ausgeschnitten und aneinander gefügt, ergeben das sog. Belastungsgebirge, aus dem die schwankenden Belastungsverhältnisse sehr gut und plastisch überblickt werden können und das in jedem Elektrizitätsunternehmen geführt werden sollte. Die Spitzen erscheinen anschaulich als Berge, die Lastsenken als Täler. Die Belastungsverhältnisse über ein ganzes Jahr können mit einem Blick leicht erfaßt werden (Abb. 14).

3*

Ganz allgemein kann gesagt werden, daß erfahrungsgemäß bei Elektrizitätsversorgungsunternehmungen der Höchstbedarf im Winter auftritt, wenn nicht dort, wo die Landwirtschaft besonders überwiegt, die Druschbelastung im Sommer zu Höchstbelastungen führt. Im Reichsdurchschnitt sind die höchsten Spitzen in den Elektrizitätsversorgungsunternehmungen knapp vor Weihnachten aufgetreten, in den Vorkriegsjahren um etwa 17 Uhr, in den Jahren 1939—1941 zwischen 7,30 und 9 Uhr. Die Jahresschwankungen betragen im Winter etwa 25% über einer mittleren Belastung, im Sommer etwa 20% darunter.

Die in der Abb. 12 gezeichnete Jahresbelastungslinie wird aus den Tagesbelastungskurven so entwickelt, daß die mittleren Belastungen jeden Tages aneinander gereiht werden. Die mittlere Jahresbelastung ergibt sich graphisch wieder so, daß auf der Abszisse als Grundlinie ein der schraffierten Fläche flächengleiches Rechteck errichtet wird. Die Ordinate dieses Rechteckes ist dann gleich der mittleren Jahresbelastung. In dem Diagramm wurde dies strichliert eingezeichnet.

Genau so wie die Jahresbelastungslinie mit den Mittelwerten der 24stündigen Belastung dargestellt wurde, können auch die Tagesbelastungsspitzen der Jahresbelastungslinie zugrunde gelegt werden. Diese Linie wird dann selbstverständlich höher liegen. Aus ihr wird man die im Jahr höchste aufgetretene Spitze, die Jahresspitze, entnehmen können.

Die Tagesbelastungslinie eines Elektrizitätsversorgungsunternehmens ist meist das Ergebnis der Aufzeichnungen von registrierenden Wirkleistungsmessern. Diese gedämpften Instrumente zeigen kleine kurzzeitige Schwankungen nicht an, so daß Kurven in der gezeigten Form entstehen. Ganz empfindliche Instrumente würden höhere Spitzen messen. Wenn in der Praxis bestimmte Leistungen z. B. als Höchstbelastungen angegeben werden, dann werden darunter gewöhnlich die während 15 Minuten aufgetretenen durchschnittlichen Höchstbelastungen verstanden.

Die vorgezeigte Summenkurve setzt sich aus sehr vielen Einzelkurven zusammen. Die einzelnen Abnehmer brauchen ja meist die elektrische Energie nur wenige Stunden im Tag. Licht wird z. B. in Wohnungen nur zwischen Einbruch der Dunkelheit und der üblichen Zeit der Nachtruhe gebrannt, in gewerblichen und industriellen Betrieben nur bis zum Arbeitsschluß. Die Motorenbelastung richtet sich nach dem Verwendungszweck der Motoren. Industrien haben die verschiedensten Arbeitszeiten, vom durchlaufenden dreischichtigen Betrieb, bis zu wenigen Stunden im Tag, wobei die Belastung der Gebrauchsgeräte wechselt und sich den jeweiligen Arbeitsverfahren anpaßt. Die Wahrscheinlichkeit eines Ausgleiches der einzelnen Belastungskurven untereinander ist daher sehr groß. Für diesen Ausgleich ist es nun besonders wichtig, daß möglichst verschiedenartige Abnehmer vorhanden sind. Abnehmer mit gleichartiger Abnahme, wie z. B. Wohnungen mit ausschließlichem Lichtverbrauch und Verbrauch für Haushaltungsgeräte, können in Gruppen zusammengefaßt werden. Der Ausgleich innerhalb dieser Gruppen wird nicht sehr groß sein, steigt jedoch mit der Zahl der Abnehmer und kommt dadurch zustande, daß die Lebensgewohnheiten nicht überall gleich sind, nicht alle Lampen und Geräte gebraucht werden usw. Verschiedene solche Abnehmergruppen mit ganz verschiedenen Belastungskurven werden dagegen einen weitergehenden Ausgleich ergeben. Darauf beruht auch der Wunsch der Werke, möglichst verschiedenartige Abnehmer zum Anschluß zu bringen.

Ein Maß für den Ausgleich innerhalb einzelner Gruppen ergibt der „Verschiedenheitsfaktor".

Der Verschiedenheitsfaktor

$$= \frac{\text{Summe aller Einzelspitzen in einer bestimmten Zeit}}{\text{Spitze der gesamten Belastungskurve in dieser Zeit}} \cdot$$

Der reziproke Wert dieses Verschiedenheitsfaktors, also das Verhältnis der Spitze der gesamten Belastungskurve in einer bestimmten Zeit zur Summe aller Einzelspitzen in dieser Zeit, wird „Gleichzeitigkeitsfaktor" genannt.

Der „Gleichzeitigkeitsfaktor" steigt mit der Benutzungsdauer und wird bei ununterbrochener Abnahme gleich 1. Messungen über Gleichzeitigkeitsfaktoren liegen verhältnismäßig wenige vor, weil der Einbau schreibender Instrumente in großer Zahl nicht gut möglich ist. Es kann daher nur beiläufig gesagt werden, daß man bei Wohnungen mit Gleichzeitigkeitsfaktoren zwischen 0,8 bis 0,9, im Gewerbe zwischen 0,7 bis 0,8 und in der Industrie, wegen der Vielgestaltigkeit der Konsumverhältnisse am niedrigsten, zwischen 0,6 und 0,7 rechnet. In der Fachliteratur werden die Begriffe Verschiedenheitsfaktor und Gleichzeitigkeitsfaktor auch noch anders ausgelegt, worauf hier nicht näher eingegangen werden kann.

Für große Gruppen werden schon eher Messungen durchgeführt, so daß der Ausgleich der Gruppen untereinander vielfach an Hand einzelner Kurven bestimmt werden kann. Das folgende Bild soll die Zusammensetzung von drei Gruppenbelastungen darstellen (Abb. 15):

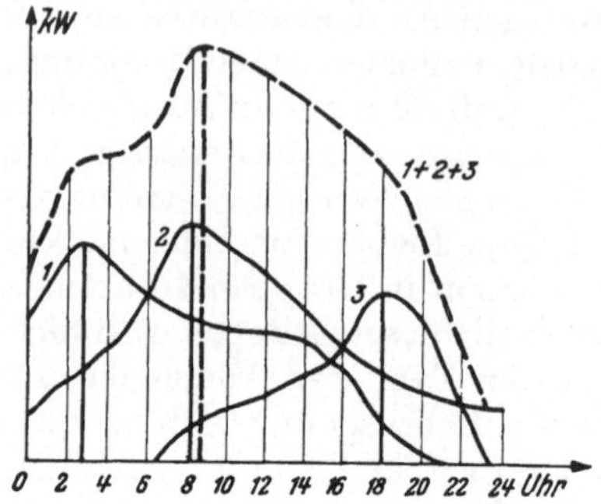

Abb. 15. Summierung mehrerer Belastungslinien.

Daraus ist zu ersehen, daß die einzelnen Gruppen ihre Belastungsspitzen zu verschiedenen Tageszeiten erreichen. Der Ausgleich wird um so besser sein, je mehr die einzelnen Spitzen auseinander fallen.

Aber auch die Summe der Einzelabnehmerhöchstlasten jeder Gruppe ist größer als die Höchstlast der betreffenden Gruppe.

$$\frac{\text{Gruppenhöchstlast}}{\substack{\text{Summe d. Einzelabnehmerhöchstlasten} \\ \text{in der betreffenden Gruppe}}} = \text{„Höchstlastziffer der Abnehmergruppe"}$$

Die „Höchstlastziffer einer Zentrale"

$$= \frac{\text{Zentralen-Höchstlast}}{\text{Summe aller Gruppenhöchstlasten}}.$$

In der Praxis werden noch vielfach die sog. „geordneten Belastungskurven" angewendet, die so entstehen, daß die einzelnen kleinsten Arbeitsflächen der Tages- oder Jahresbelastungskurven nicht nach ihrer eigentlichen Reihenfolge, sondern nach der Leistungsgröße geordnet werden. Es entsteht dann eine Linie, die mit der höchsten Spitze anfängt und mit der tiefsten Leistungssenke abschließt. Die Abszissen geben an, während welcher Zeit eine bestimmte Leistung aufgetreten ist und wie lang sie gedauert hat. Diese Linie wird daher auch „Leistungsdauerlinie" genannt. Sie wird gewöhnlich aus charakteristischen Tageslinien entwickelt, z. B. aus Frühlings-, Sommer-, Herbst- und Wintertagen, wobei bei einiger Praxis recht gute Genauigkeiten erzielt werden. Leistungsdauerlinien sehen ungefähr wie folgt aus (Abb. 16 u. 17):

Die schraffierte Fläche stellt den Arbeitsinhalt dar und muß gleich der Fläche des Diagrammes sein aus dem das geordnete Diagramm entwickelt worden ist. Die Jahreskurven zeichnen sich durch schmale Spitzen aus, weil die höchsten Leistungen nur an wenigen Tagen im Jahr auftreten. Die Tageskurven haben breitere Spitzen. Die Verteilung der Leistungen auf die einzelnen Tages- und Jahreszeiten kann jedoch aus den geordneten Diagrammen nicht entnommen werden.

Wenn die Jahresdauerlinie parallel zur Abszisse in drei Teile geteilt wird, dann entstehen drei Arbeitsflächen, worunter die unterste jene Arbeit darstellt, die von einer Leistung erzielt wird, die den größten Teil des Jahres hindurch erreicht wird und als „Grundlast" bezeichnet wird. Der oberste Teil der Arbeitsfläche stellt die Arbeit der höchsten Leistungen, die „Spitzenlast" dar. Dazwischen liegt die Mittellast.

Die langdauernde Grundlast wird jenen Werken zugewiesen werden, die am wirtschaftlichsten arbeiten, wogegen die Spitzenlast auch von älteren Anlagen mit schlechterem Wirkungsgrad geliefert werden kann. In der Übernahme der Mittellast werden sich

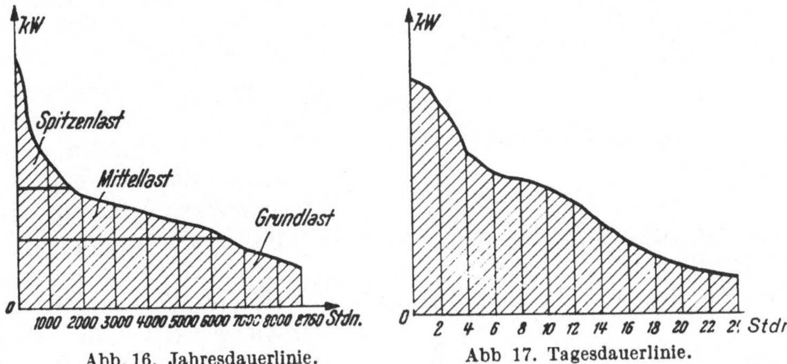

<table>
<tr><td>Abb. 16. Jahresdauerlinie.</td><td>Abb 17. Tagesdauerlinie.</td></tr>
</table>

Grundlast- und Spitzenkraftwerke teilen. Darauf wird später mehrfach eingegangen werden.

Um eine Sicherheit in der Lieferung elektrischer Energie zu gewährleisten, wird es auch notwendig sein, daß die elektrischen Zentralenanlagen über entsprechende Reserven verfügen. Wenn die auftretenden Spitzen mit bestimmten Werten festgestellt wurden, dann muß die Leistungsfähigkeit der Anlage größer als diese Spitzen werden, sonst würde es bei Maschinenbrüchen und auch bei den laufenden Überholungsarbeiten und Reparaturen zu Betriebsunterbrechungen bzw. Betriebseinschränkungen kommen müssen. Die Reserve sollte eigentlich immer so groß sein, daß der Ausfall der größten Maschineneinheit von ihr ersetzt werden kann. Ferner sollen auch evtl. Betriebserweiterungen, bzw. Leistungssteigerungen, im Vorhalten von Reserven berücksichtigt werden. In der Regel werden bei kleinen Werken die Reserven höher sein als bei großen Werken, weil im letzteren Fall die Maschineneinheiten stärker unterteilt sind und die Reserveeinheiten zweckmäßig gleich vorhandenen Betriebseinheiten ausgelegt werden. Das Verhältnis der installierten Leistung zur Spitze wird als „Reservefaktor" bezeichnet. Dieser ist immer größer als 1. Im Mittel rechnet man mit einem Reservefaktor von 1,25.

Eingangs haben wir als Idealfall eine vollständig gleichmäßige Abnahme durch 8760 Stunden in der Höhe der installierten Leistung angenommen. Dieser Fall wird mit Rücksicht auf die notwendige Reserve in der Regel überhaupt nicht eintreten.

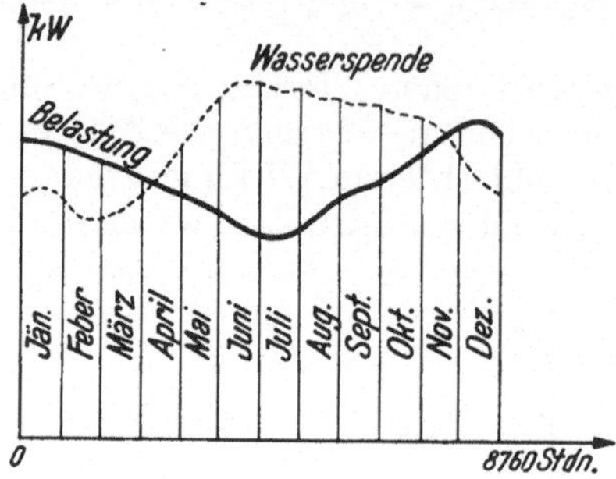

Abb. 18. Wasserspende und Belastung.

Weiters wird es aber auch nicht immer möglich sein, die eingebaute Leistung das ganze Jahr hindurch voll zur Verfügung zu haben. Bei Wasserkraftanlagen z. B. müßte dann entweder der Ausbau für das das ganze Jahr verfügbare niedrigste Wasser erfolgen, was ganz unwirtschaftlich wäre, oder es müßte ein entsprechend großer Speicher vorhanden sein. Laufwasserkraftwerke arbeiten daher auch gewöhnlich gekuppelt mit kalorischen Werken oder mit Speicherwerken, die dann jene Arbeit zu liefern haben, die vom Laufkraftwerk bei Wassermangel nicht geliefert werden kann.

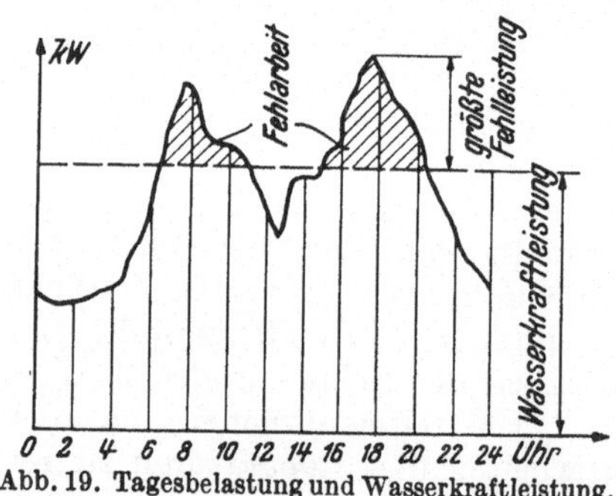

Abb. 19. Tagesbelastung und Wasserkraftleistung.

Im Diagramm festgehalten, stellt sich Wasserspende und Belastung ungefähr wie folgt dar (Abb. 18):

Da die größten Belastungen in den Wintermonaten auftreten und in dieser Zeit in der Regel in den Wasserkraftlaufwerken die Wasserspende am kleinsten ist, werden Fehlleistungen auftreten. Die Jahresfehlarbeit muß aus den Tagesbelastungkurven ermittelt werden. Im folgenden Wintertagesdiagramm eines Elektrizitätsversorgungsunternehmens gibt die oberhalb der Wasserkraftleistungslinie liegende, schraffierte Fläche die Fehlarbeit an, die an dem betreffenden Tag von der Wasserkraft nicht gedeckt werden kann. Die Wasserdarbietung wurde hierbei an diesem Tag als konstant angenommen (Abb. 19).

Aus diesem Diagramm ist auch ersichtlich, daß die Fehlarbeit verhältnismäßig klein, die Fehlleistung verhältnismäßig groß ist. Fehlleistungen treten erfahrungsgemäß während mehrerer Monate im Jahr auf, sie dauern allerdings meist nur wenige Stunden im Tag. Die Werke, die Fehlarbeit zu liefern haben, müssen sohin verhältnismäßig große Leistungen haben, die nur kurze Zeiten ausgenützt werden. Die Benutzungsdauer dieser sog. Spitzenkraftwerke ist daher gering.

III. Stromgestehungskosten.

Kostenanteile, allg. Formel der Gestehungskosten, Gestehungskostenkurve, Bedeutung der Benutzungsstunden, Anteil der Stromgewinnung, Fortleitung und Verteilung an den Stromgestehungskosten, Bedeutung der Verluste und des Leistungsfaktors für die Stromgestehungskosten.

Nach diesen grundsätzlichen Ausführungen kann daran geschritten werden, eine Stromgestehungskostenrechnung zu entwickeln. Bewußt wird dabei möglichst auf Formeln und mathematische Ableitungen verzichtet und besonderer Wert auf einfache Darstellung, auf das Verständnis der einzelnen Vorgänge und auf die praktische Verwertbarkeit der Rechnungen gelegt.

Bei der Bestimmung der Gestehungskosten werden zwei Kostenanteile unterschieden, die festen oder leistungsabhängigen (auch Leistungskosten) und die beweglichen oder arbeitsabhängigen Kosten. Die festen Kosten sind jene, die praktisch unveränderlich bleiben, gleichgültig, ob viel oder wenig Strom abgegeben wird. Die beweglichen Kosten ändern sich mit der Stromabgabe und sind dem Verbrauch annähernd proportional. Sie werden deshalb auch „Proportionalkosten" genannt.

Zu den festen Kosten gehören vor allem die Ausgaben für den Kapitalsdienst, das ist für die Verzinsung, Abschreibung und evtl. Tilgung, also jene Ausgaben, die durch die Errichtung der Anlage verursacht werden. Alle übrigen Kosten dienen dazu, die Anlage im Betrieb zu halten und werden als Betriebskosten bezeichnet. Diese Betriebskosten werden in solche Kosten unterteilt, die dadurch entstehen, daß die Anlage in Betriebsbereitschaft gehalten wird und in solche Kosten, die der Betrieb selbst verursacht. Die durch die Bereithaltung entstandenen Kosten sind ebenfalls feste Kosten, also zusätzlich feste Kosten, da sie auch entstehen, wenn keine Arbeit abgegeben wird, z. B. dadurch, daß ein Mindestpersonal für die Betriebsbereitschaft vorhanden sein muß, daß auch Kohle für unter stillem Dampf stehende Kessel verbraucht wird, daß auch Instandhaltungskosten auflaufen, Versicherungen, Steuern und Verwaltungskosten vorhanden sind usw.

Die Betriebsstoffkosten, das sind die Brennstoffkosten und die Ausgaben für Schmier- und Putzmaterial (Hilfsmaterial), sind bewegliche Kosten. Zu den beweglichen Kosten gehören auch der Hauptteil der Instandhaltungs- und Reparaturkosten, ein Teil der Personalkosten und der Steuern, die vom Umsatz abhängigen Versicherungskosten, Werbungskosten usw.

Nach dieser Auslegung sind daher die festen Kosten noch zu unterteilen in feste und zusätzlich feste Kosten, so daß wir zu drei Kostenanteilen kommen und zwar:

1. feste oder leistungsabhängige Kosten = Kapitalsdienst;

2. zusätzliche feste Kosten oder Bereithaltungskosten = anteilige Instandhaltungs-, Personal- und sonstige Betriebskosten. (Versicherungen, Steuern, Verwaltung.);

3. bewegliche, arbeitsabhängige oder proportionale Kosten = Betriebsstoffkosten, sowie anteilige Instandhaltungs-, Personal- und sonstige Betriebskosten (Versicherungen, Steuern, Verwaltung, Werbung).

Den späteren Ausführungen wird klar zu entnehmen sein, daß bei den beweglichen Kosten die Betriebsstoffkosten, bei den übrigen Kostenanteilen der Kapitalsdienst ausschlaggebend sind. Da eine Dreiteilung die Rechnung stark erschwert, ohne daß überhaupt eine ganz klare Trennung zwischen zusätzlich festen Kosten und Teilen der beweglichen Kosten immer möglich ist, sollen bei den weiteren Überlegungen nur die Betriebsstoffkosten als bewegliche Kosten betrachtet werden und alle übrigen Kosten zu den festen Kosten gezählt werden, so daß die zusätzlich festen Kosten ganz entfallen.

Jede Stromgestehungskostenrechnung ist auf gewisse Annahmen aufgebaut, die Fehlerquellen enthalten, so daß die Zweiteilung der Kosten, die ganz wesentliche Vereinfachungen ergibt, ohne die Verläßlichkeit der Rechnung stark zu beeinflussen, zulässig erscheint.

Unter diesen Voraussetzungen werden nun die festen Kosten gewöhnlich je kW-Leistung in der Zentrale ausgedrückt. Wenn z. B. die Errichtung der Anlage 500 RM je installiertes kW gekostet hat und für feste Kosten, d. h. für Kapitalsdienst usw. 20% des Anlagekapitals im Jahr verausgabt werden, dann betragen die jährlichen festen Kosten je kW installierter Leistung 20% von 500 = 100 RM. Wenn die jährliche Benutzungsdauer dieser Leistung z. B. 1000 Stunden betragen hat, dann berechnen sich die jährlichen festen Kosten zu

$$\frac{20\% \text{ von } 500 \text{ RM}}{1000} = 0,1 \text{ RM/kWst} = 10 \text{ Rpf je kWst.}$$

Wenn die beweglichen Kosten je kWst, z. B. in diesem Fall mit 3 Rpf je kWst ermittelt worden sind, dann betragen die Stromgestehungskosten je kWst bei 1000 jährlichen Benutzungsstunden der Volleistung $10 + 3 = 13$ Rpf. Die allgemeine Formel der Gestehungskosten heißt daher:

$$\frac{\text{x\% der Errichtungskosten der Anlage je kW}}{\text{jährl. Benutzungsstunden der Volleistung}} + \frac{\text{bewegl. Kosten}}{\text{je kWst}} = \frac{\text{Stromgestehungskosten}}{\text{je kWst}}$$

Für obiges Beispiel ergeben sich folgende Werte:

Bei 1000 jährl. Benutzungsst. d. Volleistung .... feste Kosten + bewegliche Kosten $= 10 + 3 = \underline{13 \text{ Rpf je kWst}}$

Bei 2000 jährlichen Benutzungsstunden der Volleistung .... feste Kosten + bewegliche Kosten $= 5 + 3 = \underline{8 \text{ Rpf je kWst}}$

Bei 3000 jährlichen Benutzungsstunden der Volleistung .... feste Kosten + bewegliche Kosten $= 3^1/_3 + 3 = \underline{6^1/_3 \text{ Rpf je kWst}}$

Bei 4000 jährlichen Benutzungsstunden der Volleistung ...· feste Kosten + bewegliche Kosten $= 2,5 + 3 = \underline{5,5 \text{ Rpf je kWst}}$

Bei 5000 jährlichen Benutzungsstunden der Volleistung .... feste Kosten + bewegliche Kosten $= 2 + 3 = \underline{5 \text{ Rpf je kWst}}$

Bei 6000 jährlichen Benutzungsstunden der Volleistung .... feste Kosten + bewegliche Kosten $= 1^2/_3 + 3 = \underline{4^2/_3 \text{ Rpf je kWst}}$

Bei 8760 jährlichen Benutzungsstunden der Volleistung .... feste Kosten + bewegliche Kosten $= 1,14 + 3 = \underline{4,14 \text{ Rpf. je kWst}}$.

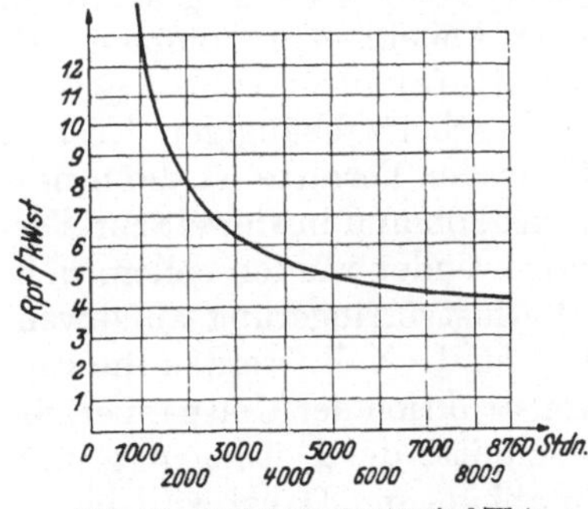

Abb. 20. Gestehungskosten je kWst (Gestehungskostenlinie = Hyperbel).

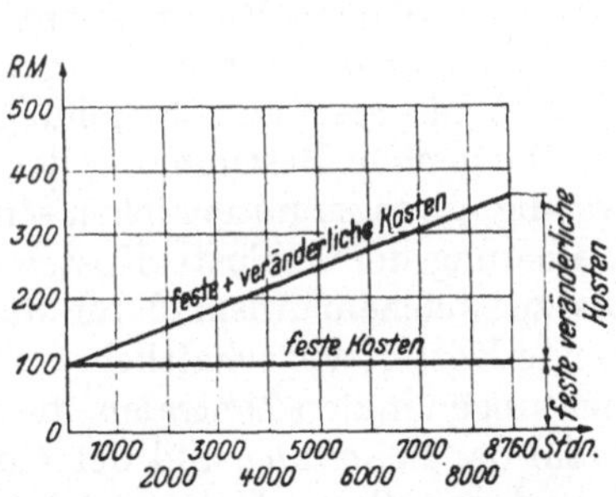

Abb. 21. Gesamtgestehungskosten in RM bei verschiedenen Benutzungsstunden.

Die Kurve der Gestehungskosten sieht dann wie folgt aus (Abb. 20 u. 21):

Aus diesen Kurven und aus der Rechnung ist ersichtlich, daß bei wachsender Benutzungsdauer die Gestehungskosten je kWst sinken und daß der Anteil der festen Kosten bei niedrigen Benutzungsdauern stark überwiegt. Die beweglichen Kosten wurden hierbei je kWst als konstant angenommen, obwohl sie sich bei hohen Benutzungsstunden eigentlich senken. Diese durch die besseren Wirkungsgrade bei Vollasten verursachte Senkung ist aber verhältnismäßig gering, so daß sie allgemein vernachlässigt wird.

Aus diesem Beispiel wird man auch den Schluß ziehen, daß getrachtet werden muß, bei niedrigen Benutzungsstunden die Anlagekosten niedrig zu halten, wogegen bei hohen Benutzungsstunden auf die Senkung der Betriebsstoffkosten gesehen werden muß.

Bei fast allen Untersuchungen und Überlegungen in der Praxis wird es erforderlich sein, jenen Teil der Stromgestehungskosten, der auf die Stromgewinnung entfällt und jenen Teil, der auf die Stromfortleitung und Stromverteilung fällt, zu trennen. Grundsätzlich bleibt der Aufbau der Stromgestehungskostenrechnung immer der gleiche.

Sowohl Stromfortleitung als auch Stromverteilung verursachen Anlagekosten, die gleich behandelt werden wie jene der Stromgewinnungsstätte. Zusätzlich müssen jedoch die Verluste in den Fortleitungs- und Verteilungsanlagen berücksichtigt werden. Sie bestehen aus den Verlusten in den Erzeugungsmaschinen, den Leitungsverlusten, den Umspannverlusten und den Verlusten in den Meßgeräten. Sie verursachen in der Stromgewinnungsstätte eine Erhöhung der Leistung (kW) und damit eine Erhöhung der leistungsabhängigen Kosten, d. h. die Belastung im Werk wird größer sein als beim Verbraucher. Aber auch nicht die gesamte im Werk gewonnene Energie wird beim Abnehmer ankommen. Es wird auch eine Vermehrung der zu liefernden Arbeit (kWst) verursacht, also eine Erhöhung der arbeitsabhängigen Kosten.

Die genaue Bestimmung der Höhe der Verluste ist dann notwendig, wenn zu untersuchen sein wird, ob und inwieweit zur Verkleinerung der Verluste Kosten aufgewendet werden sollen, d. h. bis zu welchem Ausmaß für die Verlustverringerung aufzuwendende Kosten wirtschaftlich tragbar sind. Z. B. werden die Einrichtungen in den Zentralen, die Konstruktion der Umspanner, die Wahl der Spannung und der Querschnitte der Leitungen grundlegend von diesen Untersuchungen abhängen. Dabei wird immer die Belastung eine große Rolle spielen, da von ihr neben der technischen Ausgestaltung die Höhe der Verluste stark abhängt. Wenn ein bestimmter Wirkungsgrad genannt wird, dann bezieht sich dieser immer wieder auf einen bestimmten Belastungsgrad. Dabei ist unter Wirkungsgrad das Verhältnis der abgegebenen Energie zur zugeführten Energie zu verstehen. Er bildet sohin ein Maß für

die aufgetretenen Verluste. Als Beispiel eines Maschinenwirkungs-
grades, sei folgende Wirkungsgradkurve gezeigt (Abb. 22):

Es würde hier zu weit führen, über Verlustberechnungen zu
sprechen, um so mehr, als bei den weitverzweigten und zahlreichen
Hoch- und Niederspannungsleitungen
eines ausgedehnteren Stromlieferungsunternehmens mit den verschiedensten Leitungslängen, Belastungen,
Querschnitten und Leitungsmaterialien, bei den vielen Umspannern und
Apparaten, sowie den umfangreichen
Zentraleneinrichtungen eine Verlust-
rechnung außerordentlich schwierig
und zeitraubend wäre und wegen
den notwendigen Annahmen auch

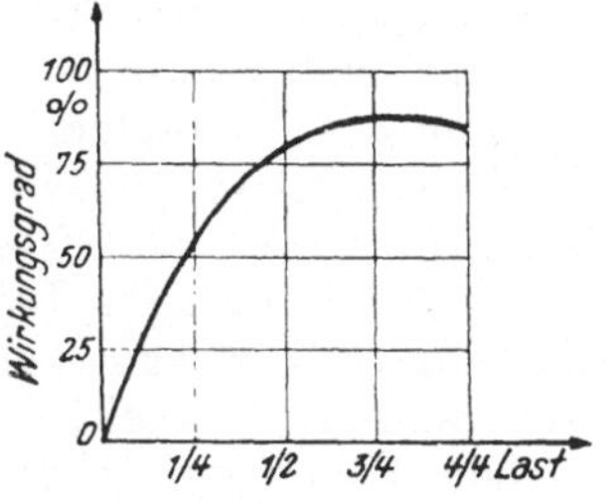

Abb. 22. Wirkungsgradkurve.

ungenau werden würde. Man begnügt sich daher meist mit Schätzungen. Sollen genaue Berechnungen vorgenommen werden, dann
steht eine umfangreiche Fachliteratur hierfür zur Verfügung.

Letzten Endes müßte auch der Einfluß des Leistungsfaktors
bei den Gestehungskosten berücksichtigt werden. Der Leistungsfaktor ist, wie schon eingangs wiederholt, bei Wechsel- oder Dreh-
stromanlagen das Verhältnis der Wirkleistung zur Scheinlast. Der
Strom, der von den Strommessern gemessen wird und bekanntlich
aus zwei Komponenten, dem Wirkstrom und dem Blindstrom besteht, verursacht die Erwärmung und damit vermehrte Spannungsabfälle und erhöhte Kurzschlußströme. Er zwingt in der weiteren
Folge dazu, die Anlagen stärker auszubauen. Die vermehrten
Spannungsabfälle erschweren die Spannungsregelung und führen
zur Anschaffung teurer Regeleinrichtungen. Ein schlechter Leistungsfaktor treibt daher einerseits die Anlagekosten in die Höhe
und vergrößert damit die leistungsabhängigen oder festen Kosten.
Andererseits setzen die höheren Stromwärmeverluste auch die beweglichen Kosten hinauf. Rechnungsmäßig spielt der Leistungsfaktor eine nicht unbeträchtliche Rolle; z. B. kann ein Leistungsfaktor von 0,7, wie er in der Praxis oft vorkommt, die festen Kosten
um über 20% erhöhen. Dabei erreicht der Blindstrom die Höhe
des Wirkstromes, so daß die Übertragungsverluste verdoppelt
werden. Auf einen mittleren Leistungsfaktor von 0,8 wird jedoch
bei der Errichtung aller Anlagen von vornherein Rücksicht genommen und sind die durch diesen Leistungsfaktor bedingten
höheren Errichtungskosten in den Anlagewerten eingeschlossen.
Im übrigen wird durch die Tarifbildung, insbesonders für Großabnehmer, darauf gesehen, daß schlechtere Leistungsfaktoren als

0,8 vermieden werden. Es wird sogar vielfach die Aufstellung von Phasenkompensationseinrichtungen verlangt. Die Kleinabnehmer werden heute auch schon fast durchwegs dazu erzogen, keine zu großen, dauernd unterbelasteten Motoren aufzustellen, die den Leistungsfaktor verschlechtern.

Zum Schluß muß noch erwähnt werden, daß bei ganz hohen Spannungen, besonders bei Nebel und Regen, auch noch sog. Koronaverluste, das sind Glimm- bzw. Sprühverluste, auftreten. Bei Spannungen über 200000 Volt wirken sich diese schon so stark aus, daß bei normalen Leiterdurchmessern die Wirtschaftlichkeit der ganzen Übertragung gefährdet werden kann. Die Verwendung von Hohlseilen beseitigt jedoch diesen Nachteil, doch muß in solchen Fällen der Koronaverlust ermittelt und berücksichtigt werden.

Nach diesen grundsätzlichen Ausführungen kann auf die Bestimmung der Stromgestehungskosten näher eingegangen werden:

a) Stromgewinnungsstätte.

Wie schon früher erwähnt, setzen sich die Stromgestehungskosten wie folgt zusammen:

1. Zinsendienst, 2. Kapitalrückzahlung, 3. Abschreibungen, 4. Versicherungen, 5. Steuern und Abgaben, 6. Instandhaltung und Reparatur, 7. Personalkosten, 8. Verwaltungskosten, 9. Brennstoffkosten, 10. Ausgaben für Schmier- und Putzmaterial.

1. Zinsendienst.

Kapitalintensität der EVU, Fremdkapitalzinsen, Eigenkapitalzinsen, Kapitalanspannung, Anlagekapital und dessen Vorausschätzung bei Dampfkraft-, Dieselkraft- und Wasserkraftwerken, Umlaufkapital.

Die Kosten für die Zinsen richten sich nach der Höhe des benötigten Kapitals und nach der Höhe des Zinsfußes. Dabei muß besonders hervorgehoben werden, daß Elektrizitätsversorgungsunternehmungen außerordentlich kapitalintensiv sind, d. h. daß die Anlagekosten im Verhältnis zum Umsatz ganz besonders hoch sind. Die Mehrzahl der Industriebetriebe setzen ihr Anlagekapital mehrmals im Jahr um, bei Elektrizitätsversorgungsunternehmungen dauert es mehrere Jahre bis die Anlagewerte einmal umgesetzt werden. An Kapitalintensität werden Elektrizitätsversorgungsunternehmungen einzig nur noch von Verkehrsunternehmungen übertroffen. Der sich daraus ergebende hohe Kapitaldienst verursacht hohe feste Kosten, wie sie in keinem anderen Wirtschaftszweig vorkommen und verlangt die Aufteilung auf möglichst viele kWst, wenn der Preis der einzelnen kWst niedrig sein soll.

Die Höhe der Zinsen ist abhängig von der jeweiligen Beschaffenheit des Kapitalmarktes und von der Art der Kapitalaufnahme. Derzeit kann im Mittel mit 4 ½% Zinsen gerechnet werden. Die Zinsen sind auch dann in der Gestehungskostenrechnung anzuführen, wenn zur Gänze oder zum Teil Eigenkapital vom Unternehmer vorhanden ist; denn nur dann ist ein gerechter Betriebsvergleich möglich. Auch darf das Eigenkapital nicht verloren gehen noch unverzinst bleiben. Allerdings kann die Eigenverzinsung nach dem Erfolg verändert werden und ist daher ein bewegliches Glied in der Rechnung. Je höher sohin die fremden Kapitalzinsen sind, um so unbeweglicher wird die Rechnung und um so starrer wird der Betrieb in der Preisgestaltung. Man spricht in einem solchen Falle von großer Kapitalanspannung. Diese Kapitalanspannung darf jedenfalls nicht zu hoch werden. Das Eigenkapital, das voll am Gewinn und Verlust beteiligt ist, soll im Verhältnis zum Fremdkapital nicht zu klein sein. In der Praxis wird angestrebt, daß ein Verhältnis Eigen- zum Fremdkapital von 1 zu 2 nicht überschritten wird.

Andererseits ist zu beachten, daß bei der derzeitigen Steuergesetzgebung die Zinsen für das Leihkapital eine Abzugspost bei der Körperschaftssteuer bilden, die Zinsen des Eigenkapitals jedoch ein Einkommen darstellen. Der Unternehmer schneidet daher in der Regel steuerlich besser ab, wenn die Kapitalanspannung groß, das Eigenkapital also klein ist.

Das Anlagekapital ist jenes Kapital, mit dem die Anlage erstellt wird. Es muß bei einer Vorausrechnung geschätzt werden. Da in Elektrizitätsversorgungsunternehmungen große Kapitalintensität besteht und daher die Kapitalkosten eine große Rolle spielen, ist eine möglichst genaue Erfassung der Anlagekosten von Bedeutung. Hier kann selbstverständlich nicht auf Details für die Erstellung von Kostenvoranschlägen bei der Errichtung von Anlagen eingegangen werden, sondern es müssen ganz allgemeine Anhaltspunkte für rohe Schätzungen genügen. Im besonderen Fall stehen ja dann viele Mittel zur Verfügung, um sich von den Baufirmen die Errichtungskosten genauestens erheben zu lassen.

Als Anhaltspunkt dient, daß kalorische Anlagen im allgemeinen verhältnismäßig geringere Errichtungskosten erfordern als Wasserkraftanlagen. Der Bau kalorischer Anlagen dauert weniger lang, beiläufig im Mittel 2 Jahre, bei Wasserkraftanlagen im Mittel 4 Jahre. Diese Umstände haben früher, als man noch rein kapitalistisch dachte, den Ausbau der Wasserkräfte stark gehemmt, um so mehr, als sich deshalb auch das Privatkapital bei Wasserkraftbauten im allgemeinen fernhielt.

Die Kosten für das ausgebaute kW bei Dampfkraftwerken betragen fix und fertig hergestellt 280—600 RM. Dabei sind Anlagen für die Verfeuerung von Steinkohle billiger als jene für Verfeuerung von Braunkohle und gilt der untere Wert für Anlagen großer Leistung, wogegen der obere Wert Kleinanlagen bis etwa 1000 kW Leistung vorausschätzt. Von diesen 280—600 RM je installiertes kW entfallen rd. ⅓ auf Grundstücke, Gebäude und Fundamente, ein weiteres Drittel auf die mechanische und der Rest auf die elektrische. Ausrüstung.

Dieselkraftanlagen sind in den Größen bis etwa 3000 PS, wo sie als Augenblicksreserve Verwendung finden, etwas billiger zu erstellen und es kann mit 200—350 RM je ausgebautes kW gerechnet werden. Für Großanlagen kommen Dieselmotoren nicht mehr in Betracht, da sie sich für langen, ununterbrochenen Betrieb wenig eignen. Die derzeitige Lage des Kraftstoffmarktes läßt auch eine weitergehende Verwendung von Dieselanlagen nicht zu.

Die Errichtungskosten für Wasserkraftanlagen sind außerordentlich schwer vorausbestimmbar, da sie sehr stark von den örtlichen Verhältnissen und dem Umfang des notwendigen Wasserbaues abhängen. Grundsätzlich sind Hochdruckanlagen billiger als Niederdruckanlagen. Reine Hochdruckanlagen können etwa auf 350—700 RM, Niederdruckanlagen auf 500—800 RM je kW installierte Leistung geschätzt werden. Hochdruckanlagen erhalten ihr Wasser meist aus kleinen Wasserläufen, die vorher in Staubecken gesammelt werden (Speicher). Niederdruckanlagen werden manchmal in Verbindung mit Talsperren errichtet, so daß ebenfalls eine Speicherung erfolgt, die auch dem Hochwasserschutz dienen kann. Speicher erfordern zusätzliche Kosten von 400 bis 800 RM je kW, wobei diese Werte je nach den örtlichen Verhältnissen auch über- und unterschritten werden können. Pumpspeicherwerke können mit Anlagekosten unter 400 RM pro installiertes kW errichtet werden, und sind meist nur rentabel, wenn die Kosten unter 300 RM/kW bleiben.

Die Bauweisen der letzten Zeit verlassen die bisher üblichen Ausführungsformen in vielen Dingen ganz grundlegend, so daß damit auch Änderungen in den Errichtungskosten verbunden sind. So z. B. werden heute Pfeilerkraftwerke gebaut. Bei hohen Talsperren werden dabei die Staumauern in Einzelpfeiler aufgelöst, so daß gegenüber den bisher üblichen Schwergewichtsmauern wesentlich an Baukosten gespart wird. Die Maschinensätze werden einzeln in den Wehrpfeilern, die zu diesem Zweck verbreitert ausgeführt werden, untergebracht. Bei mittleren oder kleineren Gefällen vermeidet man die bisher vorwiegend verwendeten Werkskanäle und sieht Flußstaustufen vor. Bei Hochdruckanlagen werden die Leituunge als gepanzerte Druckschächte in den Berg verlegt oder es werden Rohrleitungen in Schrägstollen angeordnet, wodurch der Eisenbedarf geringer wird und die Baukosten zurückgehen. Auch die Kraftwerke werden im Anschluß an solche Anlagen unterirdisch (Kavernenbauart) angeordnet. Ja sogar sog. Unterwasserkraftwerke nach „ARNO FISCHER" werden heute bereits errichtet, bei denen Hochbauten ganz wegfallen. Die Maschinen werden in den hohlen Wehrkörper eingebaut, wobei die Generatorläufer auf Ringen am Umfang des Turbinenlaufrades angeordnet werden, so daß Turbine und Generator keine getrennten Maschinen mehr darstellen. Nachdem mehrere solche Unterwasserkraftwerke bereits gebaut worden sind, ist nunmehr schon erstmalig eine Großanlage in Ausführung. Alle diese modernen Bauweisen ergeben Verbilligungen bei der Errichtung und Einsparungen an Rohstoffen. Weiters haben sie den Vorteil, daß sie sich dem Landschaftsbild anpassen und eine weitgehende Tarnung ermöglichen.

Außer dem Anlagekapital ist noch das Umlaufkapital zu berücksichtigen, das ist jenes Kapital, das für den laufenden täglichen Bedarf benötigt wird. Damit sind die kurzfristigen Verbindlichkeiten, Gehälter und Löhne usw. zu decken. Wie schon eingangs erwähnt, sind Elektrizitätsversorgungsunternehmungen nach den Verkehrsunternehmungen die kapitalintensivsten Unternehmungen im gesamten Wirtschaftsleben. Es ist daher das Umlaufkapital gegenüber dem Anlagekapital nicht sehr bedeutend. Für rohe Schätzungen kann angenommen werden, daß von dem gesamten ·Kapital 80—90% auf das Anlagekapital und 20--10% auf das Umlaufkapital entfallen.

2. Kapitalrückzahlung.
Leihkapital, Tilgung, Heimfall.

Wenn mit Leihkapital gearbeitet wird, dann muß dieses in einer bestimmten, vereinbarten Zeit zurückgezahlt, d. h. getilgt oder amortisiert werden. In der Elektrizitätswirtschaft rechnet man im Mittel mit Tilgungszeiten von 25 Jahren. Meistens wird eine Kapitalsdienstquote vereinbart, die während der ganzen Amortisationsdauer gleich hoch bleibt (Annuität). In diesem Falle wird die Rückzahlung von Jahr zu Jahr größer.

Tilgungsquoten bei Leihkapital dürfen jedoch bei der Gestehungskostenrechnung nicht berücksichtigt werden, weil sonst einerseits der Wert durch diese Tilgung erhalten werden würde, andererseits durch die im folgenden Absatz beschriebenen Abschreibungen eine zweite Werterhaltung eintreten würde.

Nur wenn die Anlage nach einer gewissen Zeit ohne Gegenleistung irgend einer Stelle anheimfällt, was in manchen Konzessionsverträgen vorgesehen ist, dann muß auch die Tilgungsquote in der Gestehungskostenrechnung berücksichtigt werden, damit im Zeitpunkt des Heimfalles kein Vermögensverlust entsteht.

3. Abschreibungen.

Abschreibungszeitraum-Nutzungsdauer, Abschreibungswert, abzuschreibender Wert, Buchwert-Sachzeitwert, Abschreibungssätze in Hundertsätzen des Anlagekapitals, Erneuerungsrücklagen.

Abschreibungen sind Rücklagen, die dazu dienen sollen, die Minderung der Werte der Anlagen auszugleichen, die durch die natürliche Abnützung, das „Altern" entstehen. Sie sollen also das Kapital, das durch die Errichtung der Anlagen verbraucht worden ist, erhalten. Alle Anlageteile, die daher einer Minderung des Wertes unterliegen, müssen abgeschrieben werden. Wertminderungen durch den technischen Fortschritt, das „Veralten" und Katastrophen werden dabei im allgemeinen nicht berücksichtigt. Auf das „Veralten" wird bei manchen Rechnungen in eigenen Konten Rücksicht genommen, bzw. es können außerordentliche Rücklagen für Erneuerungen vorgenommen werden, wenn z. B. vermutlich grundlegende technische Erfindungen Entwertungen verursachen können. Evtl. Erneuerungsrücklagen können nur ganz roh geschätzt werden, da sich weder das Veralten noch Katastrophen mit einiger Bestimmtheit voraussehen lassen. Im folgenden wird daher die Erneuerung nicht weiter berücksichtigt.

Vorerst sollen einige Begriffe definiert werden, die allgemein gebräuchlich sind:

Der Abschreibungszeitraum ist jener Zeitraum, in dem die Anlage vom vollen Anschaffungswert auf den Ausschlachtungswert, Altwert bzw. Materialwert herabsinkt. Der Abschreibungszeitraum deckt sich mit der sog. Nutzungsdauer, wobei oftmals eine technische und eine wirtschaftliche Nutzungsdauer unterschieden wird. Erstere umfaßt die Zeit, in der die Anlage technisch betriebsunfähig wird, letztere jene Zeit, in der sie wirtschaftlich betriebsunfähig wird. Die wirtschaftliche Nutzungsdauer ist meist kürzer als die technische Nutzungsdauer, so daß nach Ablauf der wirtschaftlichen Nutzungsdauer der Anlagenteil unter Umständen noch als Reserve dienen kann.

Der Abschreibungswert ist der Anschaffungswert.

Der abzuschreibende Wert ist gleich dem Abschreibungswert abzüglich dem Altwert.

Der Buchwert ist gleich dem Abschreibungswert, vermindert um die Summe aller Abschreibungen bis zum Zeitpunkt der Buchwertfeststellung. Am Ende der Nutzungsdauer ist der Buchwert gleich dem Alt- oder Ausschlachtungswert. Der Buchwert ist auch gleich dem Sachzeitwert.

Die Abschreibungen werden allgemein üblich als Hundertsatz des Anschaffungswertes (und nicht des Buchwertes) ausgedrückt, und müssen so bemessen sein, daß nach vollständiger Werteinbuße der Anlage das gesamte ursprüngliche Anlagekapital wieder vorhanden ist. Die richtigen Abschreibungssätze werden so bestimmt, daß die Nutzungsdauer, das ist der Abschreibungszeitraum jedes Anlageteiles, geschätzt wird und unter Berücksichtigung des Altwertes dieses Anlageteiles der mittlere Hundertsatz berechnet wird. Dabei ist darauf Bedacht zu nehmen, daß sich die Anlageteile nicht linear entwerten, sondern durchwegs zuerst langsamer und mit fortgeschrittenem Alter rascher im Wert abnehmen; z. B. ist nach dem halben Abschreibungszeitraum der ungefähre Wert der Anlage in Wirklichkeit meist noch rd. 60—65% vom Anschaffungswert. Bei der Bestimmung der Abschreibungssätze wird manchmal der Einfachheit halber und weil der Altwert der Anlageteile nicht groß ist, — vielfach unter 10% liegt, — der Altwert nicht berücksichtigt.

Der richtigen Festsetzung der Abschreibungssätze muß größte Aufmerksamkeit zugewendet werden, da sie die gesamte Rechnung stark beeinflussen. Zu hohe Abschreibungen verschleiern die Gewinne, bzw. setzen die Stromgestehungskosten in die Höhe. Zu niedrige Abschreibungen täuschen Gewinne vor, bzw. ergeben zu niedrige Stromgestehungskosten.

Gebräuchliche Abschreibungssätze für elektrische Anlageteile in Hundertsätzen des Anlagekapitales sind:

Grundstücke	0%
Gebäude	2%
Tiefbau bei Wasserkraftanlagen	2%
Wehr- und Stauanlagen	3%
Wasserturbinen	3%
Dampfkessel und Maschinen	5%
Dieselmotoren	8%
Elektrische Maschinen	5%
Umspanner	4%
Schaltanlagen	4%
Freileitungen	4%
Kabelleitungen	2%
Zähler und Meßinstrumente	5%
Mittelwerte über vollständige Wasserkraftanlagen	3%
Mittelwerte über vollständige Dampfkraftanlagen	6%
Mittelwerte über vollständige Dieselanlagen	7%

Sog. kurzlebige Anlagegüter, deren Nutzungsdauer z. B. unter 5 Jahre beträgt, können auch sofort abgeschrieben werden. Solche Anschaffungen sind dann so wie Betriebsausgaben zu behandeln.

Nochmals kurz zusammengefaßt:

a) sind die Zinsen von der Höhe des Anlagekapitals und der Art der Kapitalbeschaffung abhängig;

b) wird die Rückzahlung (Tilgung oder Amortisation) durch den Anleihevertrag bestimmt und stellt eine reine Geldmaßnahme dar. Sie bezweckt die Rückzahlung des aufgenommenen Kapitales in einer bestimmten, vereinbarten Zeit (wegen Berücksichtigung dieses Postens in Gestehungskostenrechnungen s. S. 49);

c) werden die Abschreibungen durch die natürliche Abnutzung, das „Altern" erforderlich und dienen der Erhaltung des Kapitales;

d) sollen die Erneuerungsrücklagen das „Veralten" der Anlagen berücksichtigen und als Vorsichtsmaßnahmen die notwendige Verwendung neuer Kapitalien vermeiden.

Diese Zusammenfassung wurde hier nochmals gegeben, weil vielfach Verwechslungen dieser Begriffe vorkommen; z. B. Erneuerung und Abschreibung zusammengeworfen werden, neben der Abschreibung auch die Tilgung des Leihkapitals in Gestehungskostenrechnungen eingeführt werden, für Abschreibungen oder Erneuerungen fälschlich das Wort Amortisation verwendet wird usw.

4. Versicherungen.

Zusammenhang zwischen Versicherung, Rücklagen und Abschreibungen, Risikoausgleich.

Versicherungen sollen dazu dienen, die Betriebsrisiken zu decken. Sie schützen Mensch und Material vor den entstehenden Kosten aus Unfällen, Diebstahl, Materialschaden, Maschinenbruch, Wasser- oder Blitzschaden und sonstigen Katastrophen.

Wenn für bestimmte Schäden keine Versicherungen eingegangen werden, dann müssen erhöhte Abschreibungen oder Rücklagen Ersatz dafür bieten. Im allgemeinen wird immer zu prüfen sein, ob der mögliche Schaden im Verhältnis zu den Versicherungsprämien steht und ob nicht bei großen Unternehmungen ein Risikoausgleich im Betrieb selbst möglich und eine Art Selbstversicherung vorzuziehen ist. Über die Höhe der Versicherungsprämien liegen Erfahrungen vor, so daß Mittelwerte in Hundertsätzen des gesamten Anlagekapitals gegeben werden können. Man schätzt die Prämien für sämtliche Versicherungen, also auch der Personal-, Haftpflicht- und Sachversicherungen, im Mittel auf $\frac{1}{3}$--$\frac{1}{4}\%$ vom gesamten Anlagekapital.

5. Steuern und Abgaben.

Abhängigkeit der Steuerhöhe von der Wirtschaftlichkeit des Unternehmens und von der Kapitalanspannung, Abgaben.

Die Höhe der Steuern ist wechselnd und hängt von den jeweiligen Vorschriften der Steuergesetzgebung ab. Auch ist es selbstverständlich von wesentlicher Bedeutung, ob und wie aktiv das Unternehmen und wie groß die Kapitalanspannung ist. — Wenn daher die Gesamtsumme der Steuern in Hundertsätzen des Anlagekapitals angegeben wird, dann kann diese Ziffer nicht verläßlich sein. Unter Bedachtnahme darauf wird gegenwärtig ganz beiläufig mit gesamten Jahressteuern von 3—6% des Anlagekapitales zu rechnen sein.

Die sog. Abgaben, das sind Konzessionsabgaben, Grundzinse, jährliche Gebühren für das Recht der Leitungsführung usw., machen verhältnismäßig sehr wenig aus und können im vorgenannten Satz als eingeschlossen betrachtet werden.

6. Instandhaltung und Reparatur.

Zusammenhänge zwischen diesen Kosten und den Abschreibungen, Instandhaltungssätze in Hundertsätzen des Anlagekapitals.

Zwischen Instandhaltung, Reparatur und Abschreibungen besteht ein inniger Zusammenhang. Jede Anlage, deren Bestandteile der Alterung unterworfen sind und die nach der Erstellung sich selbst überlassen werden würde, würde ihre Betriebstüchtigkeit zuerst langsamer, dann aber immer rascher und zuletzt sehr rasch gänzlich verlieren. Die Nutzungsdauer wäre sehr kurz. Kurze Nutzungsdauer, das ist kurzer Abschreibungszeitraum, bedingt aber hohe Abschreibungssätze. Dieser Abfall der Betriebstüchtigkeit muß daher durch die jährlichen Aufwendungen für Instandhaltung und Reparatur verzögert werden. Es ist nun Erfahrungssache, die Instandhaltung und Reparatur so zu bemessen, daß die Nutzungsdauer bei noch vertretbaren Jahresausgaben für Instandhaltung und Reparaturen möglichst erhöht wird. Die Reparatur- und Instandhaltungskosten wird man nur dann niedrig halten, wenn es sich um Anlagen handelt, die rasch technisch überholt werden. Dafür wird man in solchen Fällen verstärkt abschreiben und evtl. Rücklagen sammeln.

Die Instandhaltungs- und Reparaturkosten sind selbstverständlich bei neu erstellten Anlagen geringer als bei alten Anlagen und werden daher mit deren Alter immer größer.

Die Hundertsätze vom Anlagekapital sollen jedoch gleichbleibende Mittelwerte darstellen. Größere Schäden, Maschinenbruch, Naturkatastrophen u. dgl., sind dabei nicht berücksichtigt.

Solche mittlere Erfahrungswerte sind in der gleichen Reihenfolge, wie früher die Abschreibungssätze angeführt wurden:

Grundstücke	0%
Gebäude	1%
Tiefbau bei Wasserkraftanlagen	1%
Wehr- und Stauanlagen	3%
Wasserturbinen	2%
Dampfkessel und Maschinen	2%
Dieselmotoren	4%
Elektrische Maschinen	2%
Umspanner	2%
Schaltanlagen	2%
Freileitungen	3%
Kabelleitungen	1%
Zähler und Meßinstrumente	3%
Mittelwerte über vollständige Wasserkraftanlagen	1%
Mittelwerte über vollständige Dampfkraftanlagen	2%
Mittelwerte über vollständige Dieselanlagen	3%

Bei diesen Sätzen ist vorausgesetzt, daß darunter nur die normalen Reparaturen und Instandhaltungsarbeiten verstanden sind und daß alle wertsteigernden Zugänge und Erneuerungen unter Neuanlagen gebucht werden.

7. Personalkosten.

Der Anteil der Personalkosten am Anlagekapital kann je nach den örtlichen Verhältnissen stark verschieden sein. Er hängt nicht nur von der Größe des Betriebes ganz wesentlich ab und kann bei Zwergbetrieben ein Vielfaches der Mittelwerte betragen, sondern richtet sich auch nach dem Betriebsgebiet, der Art der Abnehmer, der Ausnutzung, dem Grade der Automatisierung, der Art der Stromerzeugung oder des Strombezuges usw.

Da die Personalkosten bei Stromlieferungsunternehmungen eine wesentliche Rolle spielen, werden vielfach auch Untersuchungen aufgestellt, wie stark diese z. B. die verkaufte kW-Stunde belasten, wie groß sie im Verhältnis zum Jahresumsatz sind, welche Quoten auf einzelne Anlageteile und Betriebsvorgänge entfallen.

Grundsätzlich ist festzuhalten, daß Dampfkraftwerke im allgemeinen höhere Personalkosten verlangen als Wasserkraftanlagen.

Laut statistischen Untersuchungen der Wirtschaftsgruppe Elektrizitätsversorgung betragen die Personalkosten bei den großen

Elektrizitätsversorgungsunternehmungen des Reiches im Mittel über 20% des Umsatzes.

Als ganz roher Mittelwert sei der Anteil der Personalkosten auf 4—6% vom gesamten Anlagewert geschätzt.

8. Verwaltungskosten.

Zu den Verwaltungskosten gehören die Kosten für die Verwaltungsgebäude, Bürobedarf, Mieten, Telephon- und Postgebühren, Werbung, Literatur, Beiträge für Wirtschaftsgruppen und Vereinsbeiträge, Wohlfahrtsspenden, Beleuchtung, Beheizung, Fahrmittel, Reisekosten u. dgl.

Die Höhe dieser Verwaltungskosten ist selbstverständlich auch je nach dem Unternehmen verschieden und wird im Mittel auf 1% des Anlagekapitals geschätzt.

9. Brennstoffkosten.

Der Brennstoffverbrauch je erzeugte kWst muß in jedem einzelnen Fall einer Stromgestehungskostenrechnung möglichst genau ermittelt werden. Diese Kosten hängen aber nicht nur von der Art des Brennstoffes, sondern ganz besonders auch von der Art der verwendeten Maschinen, der Größe der Aggregate, deren Belastung usw.

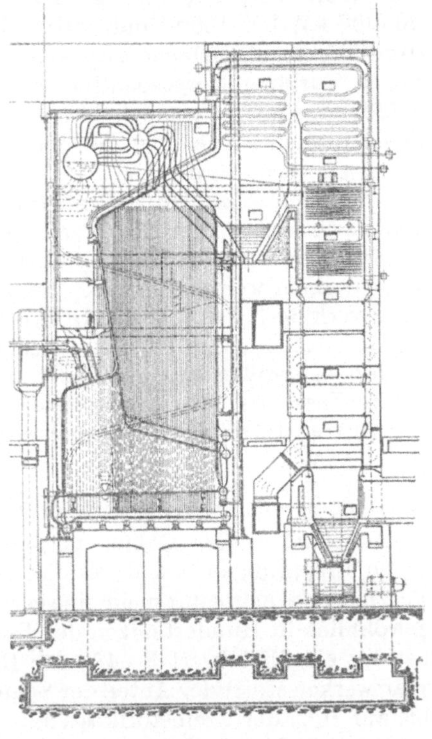

Abb. 23. Hochleistungs-Strahlungskessel mit Schmelzkammerfeuerung.

ab. Auf dem Gebiet der Herabminderung der Brennstoffkosten ist in der letzten Zeit ganz erhebliches geleistet worden. Bei den Dampfkraftanlagen z. B. setzte innerhalb der letzten zwei Jahrzehnte eine große Entwicklung ein, die dadurch bedingt war, daß man Dampfdruck und Dampftemperatur wesentlich steigerte. Baute man damals noch für Dampfdrücke von höchstens 10—15 atü und Dampftemperaturen von 325—350° C, so ging man allmählich, je mehr man die Materialbeanspruchung beherrschte und Sonderstähle Dauerfestigkeit und Schweißbarkeit genug aufwiesen, auf 40, 64, 80 und 125 atü und mehr über, bei Dampftemperaturen von 500—550° C. Die Kesseleinheiten wurden von 10 t/h bis auf 200 t/h erhöht (Abb. 23). Die Turbinensätze steigerten ihre Leistungen von 10000 kW bei 1500 Umdr./min auf 65000 kW bei 3000 Umdr./min (Abb. 24). Dadurch erhöhte man den Wirkungsgrad der Gesamtanlage auf das Doppelte. (Größter Dampfkessel der Welt dzt. 570 t/h; größte Dampfturbine der Welt dzt. 208000 kW bei 1800 Umdr./min.) Der Umstand, daß auch Hochdruck-Vorschaltturbinen angewendet werden können, die vorhandenen Turbinen vorgeschaltet werden und einen Teil des Druckgefälles ausnützen, ermöglicht es mit geringen Mitteln bei vorhandenen älteren Niederdruckanlagen die Wirtschaftlichkeit und Leistung zu verbessern.

In jedem einzelnen Fall sollten für den Brennstoffverbrauch genaue Unterlagen der Erzeugerfirmen eingeholt werden.

Für eine ganz beiläufige Rechnung und für rohe Schätzungen kann angenommen werden, daß die Brennstoffkosten in einem Dampfkraftwerk 2—3 Rpf je erzeugte kWst betragen. Dieser Wert kann bei veralteten und kleinen Anlagen wesentlich überschritten, bei modernen, großen Anlagen unterschritten werden.

Bei Dieselmaschinen rechnet man je nach Belastung und Größe der Aggregate mit einem Rohölverbrauch von 200--350 g je erzeugte kWst.

10. Schmier- und Putzmaterial (Hilfsmaterial).

Auch auf diesem Gebiet wurden in den letzten Jahrzehnten große Ersparungen erzielt, so daß die Kosten für Schmier- und Putzmaterial heute nur mehr eine geringe Rolle spielen. Sie werden gewöhnlich in Hundertsätzen der Brennstoffkosten geschätzt und beträgt ein Mittelwert 3—4% der Brennstoffkosten. Bei Dieselkraftwerken steigt der Anteil der Schmier- und Putzmaterialkosten bis auf 10% der Treibstoffkosten.

Da diese Kosten im Vergleich zu den gesamten Ausgaben sehr gering sind, werden sie vielfach auch noch zu den festen Kosten hinzugerechnet und mit etwa 0,5% der Errichtungskosten für die Zentrale geschätzt. Bei Wasserkraftanlagen kann dieser Wert noch unterschritten werden.

Zwei Zahlenbeispiele für Vorausrechnungen (Dampfkraftwerk, Wasserkraftwerk). Vergleiche dieser Beispiele und Folgerungen.

Die bisher gemachten Angaben ermöglichen es, eine Vorausrechnung zu erstellen. Aber auch wenn eine Erfolgsrechnung durch-

Abb. 24. Zweigehäusige Dampfturbine, 40000 kW, 3000 n, 125 at, 500° C, 93,5% Vacuum (Niederdruckzylinder, einflutig) der Ersten Brünner Maschinenfabrik-Gesellschaft.

geführt wird, dann werden die angeführten Erfahrungswerte zur besseren Betriebsüberwachung und zum Vergleich sicherlich gute Dienste leisten können.

Einfache Zahlenbeispiele über Vorausrechnungen sollen nun die Zusammenhänge übersichtlich aufzeigen.

Beispiele für Vorausrechnungen. Angenommen: Eine Industrie beabsichtigt eine Dampfkraftzentrale für eine Eigenversorgung zu errichten. Benötigt wird eine Leistung von 4000 kW. Diese Leistung wird 4000 Stunden im Jahr ausgenützt, so daß 16 Mio. kWst erzeugt werden. Es sollen die beiläufigen Stromgestehungskosten berechnet werden.

Zuerst wird das notwendige Kapital zur Errichtung der Anlage bestimmt, das sich bei einem Reservefaktor von 1,25 und bei Anlagekosten von 400 RM je installiertes kW zu $4000 \times 1,25 \times 400 = 2000000$ RM errechnet. Bei $4\frac{1}{2}\%$ Kapitalzinsen ergibt sich ein jährlicher Zinsendienst von 90000 RM. Eine Tilgungsquote wird mit Rücksicht auf die Abschreibungen in die Gestehungskostenrechnung nicht einzuführen sein. Die Abschreibungen betragen bei Dampfkraftanlagen geschätzt 6% vom Anlagekapital, sohin 120000 RM im Jahr. Für die Versicherungen sind $\frac{1}{3}\%$ vom Anlagekapital, sohin rd. 7000 RM zu rechnen. Die Steuern und Abgaben sollen 3% vom Anlagekapital, das ist gleich 60000 RM betragen. Die Kosten für Instandhaltung und Reparaturen werden auf 2% des Anlagekapitals, das ist auf 40000 RM im Jahr geschätzt. Die Personalkosten werden mit 6% des Anlagekapitals veranschlagt, das ist 120000 RM im Jahr. Verwaltungskosten werden mit 1% des Anlagekapitals, das ist 20000 RM eingesetzt.

An beweglichen Kosten werden die Brennstoffkosten mit 2,5 Rpf je kWst, zuzüglich 3% für Schmier- und Putzmaterial zu veranschlagen sein. Bei 16000000 erzeugten kWst sind daher die beweglichen Kosten für Kohle, Schmier- und Putzmaterial $16000000 \times 0,025 + 3\% = 412000$ RM im Jahr.

Die jährlichen Stromgestehungskosten betragen:

Verzinsung	90 000 RM
Abschreibungen	120 000 ,,
Versicherungen	7 000 ,,
Steuern und Abgaben	60 000 ,,
Instandhaltung und Reparaturen . . .	40 000 ,,
Personalkosten	120 000 ,,
Verwaltungskosten	20 000 ,,
Bewegliche Kosten	412 000 ,,
Summe der Gestehungskosten im Jahr:	869 000 RM

Die gesamten Stromgestehungskosten betragen sohin 869 000 RM im Jahr. Da 16 Mio. kWst erzeugt werden, kommt die kWst im Mittel auf $\dfrac{86\,900\,000 \text{ Rpf}}{16\,000\,000} = $ rd. 5,43 Rpf zu stehen.

Da auf die festen Kosten jährlich 457 000 RM entfallen und die Anlage eine Leistungsfähigkeit von 5000 kW (4000 × 1,25) besitzt, betragen die festen oder leistungsabhängigen Kosten $\dfrac{457\,000}{5000}$ = 91,4 RM je installiertes kW und Jahr.

Auf die beweglichen Kosten entfallen jährlich 412 000 RM bei einer Erzeugung von 16 Mio. kW; je kWst, sohin Kosten von $\dfrac{41{,}200{,}000 \text{ Rpf}}{16{,}000{,}000} = 2{,}575$ Rpf (= 2,5 Rpf + 3%).

Die gesamten Stromgestehungskosten betragen demnach 91,4 RM jährlich je installiertes kW zuzüglich 2,575 Rpf je erzeugte kWst.

Wenn diese Werte wie üblich auf die höchste beanspruchte Leistung bezogen werden, dann ist der Reservefaktor in die Rechnung einzuführen. Er wurde mit 1,25 angenommen. Die beanspruchte Höchstleistung betrug laut Annahme 4000 kW.

Die Stromgestehungskosten auf die beanspruchte Höchstleistung bezogen, betragen demnach: (91,4 × 1,25) RM/kW + 2,575 Rpf/kWst = 114,25 RM jährlich je kW Höchstleistung + 2,575 Rpf/kWst.

Bei verschiedenen jährlichen Benutzungsstunden der beanspruchten Höchstleistung betragen die Stromgestehungskosten:

Bei 1000 Benutzungsstunden
$$\underbrace{\frac{11\,425}{1000}}_{\text{feste Kost.}} + \underbrace{2{,}575}_{} = \underbrace{11{,}425}_{} + \underbrace{2{,}575}_{\text{bew. Kost.}} = 14 \text{ Rpf/kWst:}$$

bei 2000 Benutzungsstunden
$$\underbrace{\frac{11\,425}{2000}}_{\text{feste Kost.}} + \underbrace{2{,}575}_{} = \underbrace{5{,}7125}_{} + \underbrace{2{,}575}_{\text{bew. Kost.}} = 8{,}2875 \text{ Rpf/kWst:}$$

bei 4000 Benutzungsstunden
$$\underbrace{\frac{11\,425}{4000}}_{\text{feste Kost.}} + \underbrace{2{,}575}_{} = \underbrace{2{,}8562}_{} + \underbrace{2{,}575}_{\text{bew. Kost.}} = 5{,}4312 \text{ Rpf/kWst:}$$

bei 6000 Benutzungsstunden
$$\underbrace{\frac{11\,425}{6000}}_{\text{feste Kost.}} + \underbrace{2{,}575}_{} = \underbrace{1{,}904}_{} + \underbrace{2{,}575}_{\text{bew. Kost.}} = 4{,}479 \text{ Rpf/kWst.}$$

Wieder ist deutlich ersichtlich, daß die Stromgestehungskosten je kWst mit der Zunahme der Benutzungsstunden sinken und daß die festen oder leistungsabhängigen Kosten bei niedrigen Benutzungsstunden für die Gestehungskosten eine große Bedeutung haben.

Ein Vergleich der Gestehungskosten mit einem Stromeinkaufspreis ist leicht möglich. Wenn z. B. von einem Überlandwerk ein Strompreis von 60 RM je kW beanspruchter Höchstleistung und Jahr und 2,5 Rpf je verbrauchter kWst geboten wird, so ist dieser Strombezug der Errichtung einer Eigenanlage vorzuziehen. (60 RM/kW + 2,5 Rpf/kWst liegt unter 114,25 RM/kW + 2,575 Rpf/kWst).

Nun soll das gleiche Beispiel für eine Wasserkraftanlage durchgerechnet werden.

Die Anlagekosten seien mit 700 RM je installiertes kW angenommen. Das Anlagekapital beträgt dann $4000 \times 1,25 \times 700 = 3\,500\,000$ RM.

Die jährlichen Stromgestehungskosten betragen:

Verzinsung (4½%)	157 500 RM
Abschreibungen (3%).	105 000 ,,
Versicherungen (⅓%)	11 500 ,,
Steuern und Abgaben (3%)	99 000 ,,
Instandhaltung und Reparaturen (1%) . . .	35 000 ,,
Personalkosten (5%)	175 000 ,,
Verwaltungskosten (1%)	35 000 ,,
Schmier- und Putzmaterial (0,5%)	17 000 ,,

Summe der Stromgestehungskosten im Jahr: 635 000 RM

Da keine Brennstoffkosten anfallen, sind überschlägig betrachtet nur feste Kosten vorhanden, die 635 000 RM bei 5000 kW installierter Leistung, sohin $\frac{635\,000}{5000} = 127$ RM jährlich je installiertes kW betragen.

Wieder auf die höchste beanspruchte Leistung bezogen, betragen die Stromgestehungskosten

$$127 \times 1,25 = 158,75 \text{ RM je kW Höchstleistung und Jahr.}$$

Bei verschiedenen jährlichen Benutzungsstunden der beanspruchten Höchstleistung betragen die Stromgestehungskosten je kWst:

bei 1000 Benutzungsstunden $\frac{15\,875}{1000} = 15,875$ Rpf/kWst,

,, 2000 ,, $\frac{15\,875}{2000} = 7,9375$ Rpf/kWst,

,, 4000 ,, $\frac{15\,875}{4000} = 3,969$ Rpf/kWst,

,, 6000 ,, $\frac{15\,875}{6000} = 2,646$ Rpf/kWst.

Bei diesem Beispiel muß bedacht werden, daß Wasserkraftanlagen ohne Speicher wegen der wechselnden Wasserführung keine
konstante Leistung abzugeben vermögen. Selbst bei einer Wasserkraftanlage mit günstiger Wasserführung und Anpassungsfähigkeit
des Betriebes an die Wasserführung werden sich nicht immer
jährliche Benutzungsstunden der beanspruchten Höchstleistung
von 4000 erreichen lassen.

Vergleiche der Zahlenbeispiele und Folgerungen: Wenn
die beiden Beispiele nun miteinander verglichen werden, dann ist
klar ersichtlich, daß
das Dampfkraftwerk
bei niedrigen Benut-
zungsstunden dem
Wasserkraftwerk
wirtschaftlich über-
legen ist, daß je-
doch bei steigender
Ausnützung mit dem
Wasserkraftwerk we-
sentlich geringere
Stromgestehungsko-
sten zu erzielen sind
als mit dem Dampf-
kraftwerk. Abb. 25
zeigt dies ganz be-
sonders deutlich und
läßt auch erkennen,
daß der Schnittpunkt
der beiden Strom-
preiskurven, die die

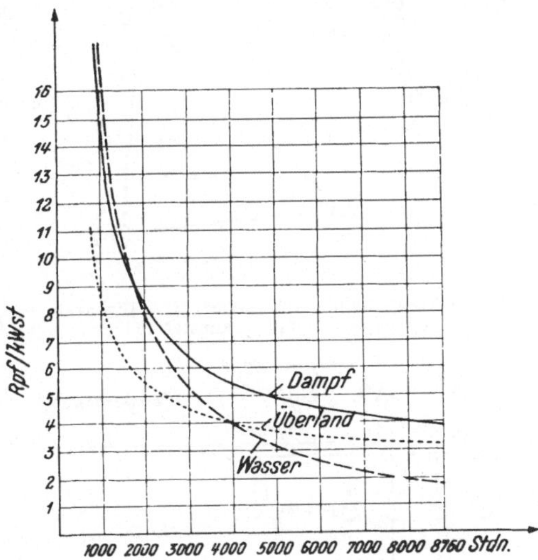

Abb. 25. Gestehungskostenlinien für Dampf-, Wasserkraftanlage und Überlandanschluß.

Gestehungskosten in kWst bei verschiedenen jährlichen Benutzungsstunden der beanspruchten Höchsteistung darstellen, bei
etwas über 1700 Benutzungsstunden gelegen ist.

In diesem Diagramm wurde auch die Gestehungskostenlinie bei
dem früher angenommenen Einkaufsstrompreis eingetragen. Die
Gestehungskostenkurve des Dampfkraftwerkes liegt in allen Aus-
nutzungsbereichen darüber, d. h. diese arbeitet teurer als der
Überlandanschluß. Die Wasserkraftkurve schneidet die Ein-
kaufsstromkurve bei einer Benutzungsstundenzahl von fast 4000.
Bei über 4000 Benutzungsstunden wäre daher laut diesen Linien
die Wasserkraftanlage dem Überlandanschluß vorzuziehen. Eine
Wasserkraftanlage ohne Speicher oder großer Reserve kann jedoch
eine derart hohe Ausnutzung nur selten erreichen. In der Rech-

nung wurde nur der normale Reservefaktor mit 1,25 eingesetzt, der nicht auf die wechselnde Wasserspende Rücksicht nimmt, sondern lediglich Ersatz bei im Betrieb vorkommenden Maschinenbrüchen, laufenden Überholungsarbeiten und Reparaturen bieten kann (vgl S. 39). Wenn aber ein Speicher oder eine größere Reserve zur Lieferung von Fehlarbeit bei Wassermangel angeschafft werden muß, dann werden die Kapitalskosten und damit die Stromgestehungskosten der Wasserkraftanlage steigen. Für eine endgültige Beurteilung muß daher die Art der Wasserkraft und die Anpassungsfähigkeit des Industriebetriebes an die Wasserspende bekannt sein.

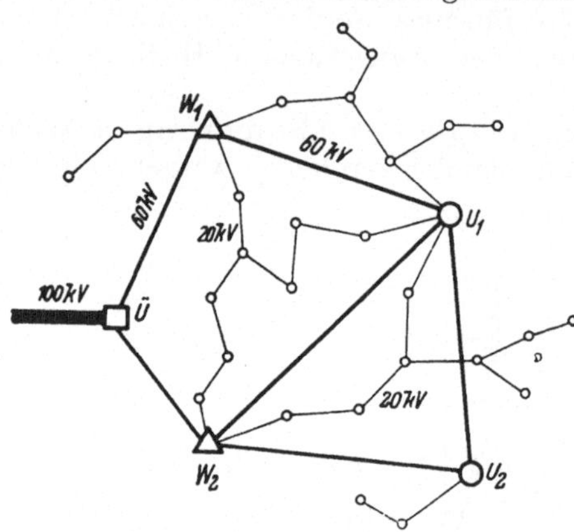

Ü = Überlandanschluß, W = Werk, U = Umspannanlage, o = Netzumspannstation

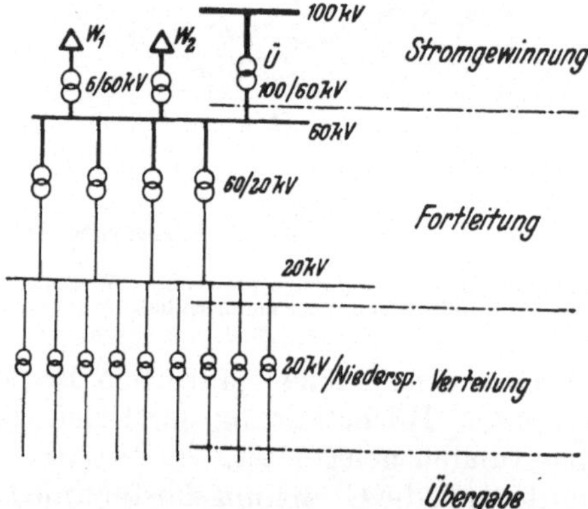

Abb. 26. Versorgungsgebiet eines Elektrizitätsversorgungsunternehmens und Schaltbild hierzu.

b) Stromfortleitung und -verteilung.

Grundsätzlicher Aufbau der Gestehungskostenrechnung, Anlagekapital für Fortleitungs- und Verteilungsanlagen, Abnehmerkosten und Kosten für die Übergabe.

Bei großen Elektrizitätsversorgungsunternehmungen ist die Anordnung meist so getroffen, daß mehrere Werke im Verbundbetrieb arbeiten. Diese Werke sind dann untereinander und evtl. mit einem Nachbarunternehmen elektrisch zusammengeschlossen und von ihnen gehen gewöhnlich Hochspannungsleitungen aus, die zu Großabnehmern und zu Umspannstationen von Hoch- auf Mittelspannung führen. Die Mittelspannungsleitungen dienen zur Belieferung der sog. Mittelabnehmer. Sie führen aber auch zu Ortstransformatoren, in denen auf Niederspannung umgeformt wird.

Bis hierher wird die „Fortleitung" gerechnet. Mit Niederspannung werden dann erst die einzelnen Kleinabnehmer über Ortsverteilleitungen, sog. Niederspannungsortsnetze, versorgt („Verteilung") (Abb. 26).

Die Anlagen für die Stromgewinnung umfassen also die Kraftwerksanlagen (W_1, W_2) selbst und evtl. Umspanneinrichtungen zur Aufspannung auf die Fortleitungsspannung, ferner evtl. Übernahmeeinrichtungen für den Strombezug ($\ddot{U}$), einschließlich der Umspanner auf die Fortleitungsspannung.

Die Anlagen für die Fortleitung mit Hochspannung (z. B. 60 kV) rechnen von hier bis zu den Netzumspannern von Mittel- (z. B. 20 kV) auf Niederspannung, einschließlich der Umspanner von Hoch- auf Mittelspannung (60 auf 20 kV).

Die Verteilungsanlagen umfassen die Netzumspannwerke (z. B. von 20 kV auf Niederspannung) und die Niederspannungsortsverteilleitungen. Die Hausanschlüsse und Zähler werden zur „Übergabe" gezählt, wenn diese bei der Untersuchung kleinerer Abnehmergruppen getrennt behandelt werden. Wenn eine Unterteilung in Verteilung und Übergabe bei großzügigeren Untersuchungen nicht durchgeführt wird, dann werden die Hausanschlüsse und Zähler auch zur Verteilung hinzugerechnet.

Wenn die elektrische Energie daher nicht in der Stromgewinnungsstätte verbraucht wird und erst fortgeleitet und verteilt werden muß, dann werden die Stromgestehungskosten noch durch feste Kosten der Fortleitungs- und Verteilungsanlagen vermehrt. Es werden aber auch die Fortleitungs- und Verteilungsverluste eine Erhöhung der Leistung in der Zentrale und damit eine Erhöhung der festen Kosten in der Zentrale, sowie eine Vermehrung der zu liefernden Arbeit und damit eine Vermehrung der beweglichen Kosten verursachen. (Leistungs- und Arbeitswirkungsgrad der Übertragung.)

Die gesamten Stromgestehungskosten in RM je kWst (s. S. 42, 43) setzen sich dann aus folgenden Posten zusammen:

feste Kosten der Stromgewinnung:

$$= \frac{x\% \text{ der Errichtungskosten der Stromgewinnung in RM je inst. kW u. Jahr}}{\text{jährl. Benutzungsstunden d. inst. Leistung d. Stromgewinnung} \times \text{Leistungswirkungsgrad der Übertragung}}$$

feste Kosten der Fortleitung:

$$+ \frac{y\% \text{ d. Errichtungskosten d. Fortleitungsanlagen in RM je inst. kW u. Jahr}}{\text{jährl. Benutzungsstunden der inst. Leistung der Fortleitungsanlagen}}$$

feste Kosten der Verteilung:

$$+ \frac{z\% \text{ d. Errichtungskosten d. Verteilungsanlagen in RM je inst. kW u. Jahr}}{\text{jährl. Benutzungsstunden der inst. Leistung der Verteilungsanlagen}}$$

bewegliche Kosten:

$$+ \frac{\text{bewegliche Kosten in RM je kWst in der Stromgewinnungsstätte}}{\text{Arbeitswirkungsgrad der Übertragung}}$$

Für die Ermittlung der Anlagewerte von Fortleitungs- und Verteilungsanlagen zur Bestimmung der leistungsabhängigen Kosten können allgemeine Anhaltspunkte nur schwer gegeben werden, weil die Höhe der Spannung, die Ausführung der Leitungen mit den verschiedensten Querschnitten, Leitungsmaterialien und Stützpunkten, die Größe und der Umfang der Umformerstationen, die weitverzweigten Ortsnetze für die verschiedensten Belastungen, weitauseinanderliegende Kosten verursachen.

Die Fortleitung und Verteilung kann mittels Freileitungen oder unterirdisch verlegten Kabeln erfolgen, wobei Kabel vorwiegend in dichtbesiedelten Gebieten verlegt werden und das Mehrfache der Freileitungen kosten. Trotzdem wird die Verwendung von Kabeln vielfach angestrebt, da die Leiterquerschnitte besser ausgenützt werden können, die Sicherheit höher ist, Unempfindlichkeit gegen atmosphärische Einflüsse besteht, die Erhaltungskosten geringer werden (s. S. 54) und auch die Lebensdauer größer wird (s. S. 51). Dem wird entgegengehalten, daß bei Kabelverlegung der Materialaufwand höher ist, daß Schäden schwerer zu beheben sind und daß wirtschaftlich untragbare Errichtungskosten entstehen, die die geringeren Instandhaltungs- und Abschreibungskosten nicht ausgleichen können. Bei höheren Übertragungsspannungen nähern sich jedoch die Ausgaben für die Errichtung von Kabelanlagen immer mehr jenen für Freileitungen, wobei die oftmals möglichen Verkürzungen der Trassenlängen auch mit eine Rolle spielen. Bei der Verwendung hoher Gleichspannungen sind meist überhaupt keine wesentlichen Unterschiede in den Errichtungskosten mehr vorhanden, so daß der Kabelverwendung für die Zukunft gewisse Aussichten gestellt werden können, um so mehr, als heute auch Kabel für Spannungen bis zu 220000 Volt gebaut werden, die ab rd. 60000 Volt als Öldruckkabel (1—3 atü zur Vermeidung von Hohlräumen) oder als Gasdruckkabel (in Stahlrohren unter Stickstoffdruck von 15 atü) ausgeführt werden.

Die Verlegung der Freileitungen erfolgt je nach der Übertragungsspannung und der Wichtigkeit der Leitung auf unter Vakuum teerölimprägnierten, cobrageimpften oder mit Quecksilbersublimatlösung kyanisierten Holzmasten, auf eisernen Masten

oder Masten aus Beton. Holzmaste können auch auf Eisenbeton-
füße montiert werden, um einerseits größere Festigkeit zu erzielen
und andererseits nicht Holz sondern Beton dem den Zerstörungen
am meisten unterliegenden Teil zwischen „Tag und Nacht" aus-
zusetzen. Eisengittermaste und Betonmaste werden bei höheren
Spannungen für wichtige Hauptleitungen, größere Querschnitte
und weitere Spannfelder verwendet, wobei man dann auf die bei
Holzmasten vorhandene zusätzliche Isolation gegen Stoßspan-

Abb. 27. Kreuzung einer Eisengittermastleitung (100 kV) mit
Holzmastleitung auf Betonfüßen (60 kV).

nungen atmosphärischer Entladungen verzichten muß (Abb. 27
und 28).

Im Bereich der Nieder- und Mittelspannungen bis etwa 20 000
Volt verschieben sich die Kosten der Freileitungen mit der Spannung
nicht stark. Man rechnet mit Unterschieden in den Errichtungskosten bis rd. 10%. Bei höheren Spannungen steigen dann die Errichtungskosten bedeutend. Die wirtschaftlichste Spannung
wird mit der Übertragungsleistung und der Leitungslänge anfangs
stark, später langsamer höher. Die wirtschaftlichste Spann-
weite ist von den Kosten der Maste, Leitermaterialien, Isolatoren

usw. abhängig. Bei der Berechnung des wirtschaftlichsten Querschnittes wird neben der Berechnung auf mechanische Festigkeit und Leitungsverluste zu berücksichtigen sein, daß die Summe der durch Kapitaldienst und Leitungsverluste verursachten Kosten am geringsten bleibt. Für ganz rohe Schätzungen von Freileitungskosten kann angenommen werden, daß rd. $^2/_3$ der Anlagekosten auf das Leitungsmaterial, Maste und Isolatoren und der Rest auf Montage und Kleinmaterialien entfallen. Als Leitermaterial findet Kupfer, Bronze, Aluminium, Aldrey, Stahlaluminium und Eisen Verwendung. Die elektrische Leitfähigkeit des Kupfers ist mit 57 je mm² Querschnitt und je Meter am größten, bei Eisen mit 7 am geringsten. Die höchste mechanische Festigkeit besitzt neben Kupfer, mit 40 kg pro mm² Zerreißfestigkeit, Bronze mit 60 kg pro mm² Zerreißfestigkeit. Die geringe mechanische Widerstandsfähigkeit des Aluminiums wurde im Aldrey fast auf das Doppelte erhöht. Im Stahlaluminiumseil übernimmt die Stahlseele die mechanische Beanspruchung.

Für das Anlagekapital von Schalt- und Umspannwerken können nur ganz allgemeine Richtlinien gegeben werden, weil dieses im hohen Maße von der Höhe der Ober- und Unterspannung, der Leistungsaufteilung der einzelnen Umspanner, der Art der Ausrüstung usw., abhängig ist. Die Errichtungskosten einer 100 000 Volt-Station sind in der Regel mehr als doppelt so groß, wie die einer 20 000 Volt-Anlage. Eine Station für 200 000 Volt wird im Mittel 3 mal so teuer wie eine solche für 100 000 Volt.

Auf dem Gebiet des Schalt- und Umspannanlagenbaues sind in letzter Zeit grundlegende Verbesserungen vorgenommen worden. So konnten durch die seit mehr als 15 Jahren ausgeführten Freiluftstationen die unsicheren Durchführungsisolatoren vermieden und damit den Anlagen eine größere Sicherheit gegeben werden, ohne daß bei höheren Spannungen wesentliche Unterschiede in

Abb. 28. Betonmastleitung (60 kV).

Abb. 29. Freiluftanlage (60 kV).

den Errichtungskosten erwachsen (Abb. 29). Die Wirtschaftlichkeit und Zweckmäßigkeit der Freiluftanlagen nimmt mit steigender Spannung zu. Die große Anhäufung von Öl und die damit besonders bei Gebäudestationen verbundene Brandgefahr
wird durch die modernen ölarmen bzw. öllosen Schalter stark eingeschränkt. (Luftdruckschalter und Expansionsschalter.) Dabei
werden heute Schaltgeschwindigkeiten bis zu $^1/_5$ Sek. und darunter
erreicht, wodurch die durch evtl. Kurz-
schlüsse gefährdete Stabilität gehoben
wird.

Abb. 30. Ortsnetztransformatoren-
station (20 kV/380/220 Volt).

Die Ortsnetztransformatoren
werden gewöhnlich bei Überlandwerken
mit Freileitungen in eigenen Transfor-
matorenhäuschen untergebracht, die
für den üblichen Umspannbereich von
Mittel- auf Niederspannung und für die
üblichen kleinen Leistungen von 10 bis
etwa 100 kVA ziemlich normalisiert
sind (Abb. 30). Die Ortsnetztransformatoren im Freien als Maststationen
haben sich nicht bewährt, werden jedoch in neuester Zeit in verbesserter
Ausführung, unter Berücksichtigung
der geschöpften Erfahrungen, wieder
angewendet. In städtischen Versorgungsgebieten werden die Netztrans-
formatoren in Kellern von Gebäuden
aufgestellt, so daß dort die Kosten von
den örtlichen Verhältnissen stark abhängig sind.

Zusammenfassend können daher als Errichtungskosten folgende
schätzungsweisen Durchschnittswerte genannt werden.

        1 km Hochspannungsleitung . . . . 20 000 RM u. m.
        1 km Mittelspannungsleitung . . . . 4 000 „
        1 km Niederspannungsleitung . . . 3 000 „
        eine Ortsnetztransformatorenstation . 6 000 „

Im allgemeinen sei darauf hingewiesen, daß laut den verschiedenen Statistiken die mittleren Kosten im Reichsdurchschnitt für
ein installiertes kW im Kraftwerk bei rd. 300 RM liegen. Die mittleren Kosten für die Fortleitungsanlagen können auf rd. 300 RM
je kW, jene für die Verteilungsanlagen auf rd. 400—600 RM je kW
geschätzt werden.

Auch über die Leistungs- und Arbeitsverluste können allgemeine Anhaltspunkte nur schwer gegeben werden. Gewöhnlich werden die Leitungen so berechnet, daß der Spannungsabfall bei Vollast unter 5—10% bleibt. Dieser Spannungsabfall in der Übertragung verursacht einen Leistungsabfall (in kW), so daß die Leistung in der Zentrale so erhöht werden muß, daß sie den Leistungsabfall decken kann. Die Einführung des „Leistungs-wirkungsgrades der Übertragung" bei Berechnungen nimmt auf diesen Umstand Rücksicht. Dieser Leistungswirkungsgrad der Übertragung kann für Schätzungen im allgemeinen im Mittel mit 0,9 angenommen werden. Er ist abhängig von der Höhe der zu übertragenden Leistung, der Spannung, der Phasenverschiebung, dem Leitungsmaterial und der Fernleitungslänge. Auch Umspannerverluste und evtl. Koronaverluste bedingen eine Leistungserhöhung in kW im Werk.

Der durch die Übertragung hervorgerufene Arbeitsverlust verlangt eine Mehrarbeit (in kWst) in der Zentrale. Dieser Arbeitsverlust ist wieder bei Vollast am größten und nimmt mit sinkender Belastung ab. Er ist daher auch bei hohen Benutzungsstunden, wo die Leitungen langdauernd hoch belastet sind, größer als bei niedrigen Benutzungsstunden. Die Arbeitsverluste setzen sich zusammen aus den Kupferverlusten der Leitungen (größter Anteil), den Eisen- und Kupferverlusten der Umspanner, den Verlusten in den Meßgeräten und den evtl. Koronaverlusten. Für rohe Schätzungen kann der in Gestehungskostenrechnungen einzuführende „Arbeitswirkungsgrad der Übertragung", der den Arbeitsverlust berücksichtigt, im Gesamtmittel mit 0,85 angenommen werden. (Mittelwerte für Hochspannungsbelieferung 0,9, für Mittelspannungsbelieferung 0,8, für Niederspannungsbelieferung 0,7 bis 0,75.)

Nach der letzten Statistik der Wirtschaftsgruppe Elektrizitätsversorgung haben die Übertragungsverluste, bezogen auf die Abgabe ab Sammelschiene, im Reichsdurchschnitt nur 7,18% betragen. Dieser außerordentlich niedrige Wert ist jedoch darauf zurückzuführen, daß die wesentlich überwiegenden Energiemengen hierbei auf Höchstspannungsleitungen übertragen worden sind, so daß dieser Mittelwert bei Anlagen mit ausgedehnten Verteilungsnetzen nicht herangezogen werden kann.

Vielfach werden in Kostenrechnungen auch sog. Abnehmerkosten und Kosten für die Übergabe eingeführt. Zu den Abnehmerkosten gehören in erster Linie die Kosten für die Zählerbeistellung und den Geldeinzug. Die Jahreskosten für die Beistellung eines Zählers sind ganz erheblich, wenn die Kapitalskosten und Kosten für Reparaturen, Eichung, Auswechslungen und Revisionen zusammengerechnet werden. Sie betragen im Durchschnitt jährlich 4,5—5 RM je Kleinabnehmer. Unter Berücksichtigung der Kosten für den Geldeinzug werden die Abnehmerkosten durchschnittlich jährlich 7—8 RM je Kleinabnehmer ausmachen. Sonderzähler verursachen entsprechend höhere Kosten. Die Auslagen für die Zählerbeistellung sind nicht mehr viel senkbar, da die Revisionen, abhängig vom Lageröl der Zähler, im Interesse der Werke regelmäßig durchgeführt werden müssen und in den übrigen Ausgaben nichts wesentliches erspart werden kann. Das Verharzen des länger in Betrieb befindlichen Zählerlageröles führt nämlich zu Minusfehlern, so daß lange nicht revidierte Zähler zu wenig zeigen und der Stromlieferant dadurch geschädigt wird. Der Geldeinzug wird heute in modernen Verteilunternehmen bis auf das äußerste rationalisiert und mechanisiert, da bei mehreren 100000 Abnehmern, wie sie in größeren Verteilunternehmungen vorkommen, diese Kosten eine ganz ausschlaggebende Rolle spielen. Die Zweckmäßigkeit des sog. direkten (unmittelbaren) oder indirekten (mittelbaren) Inkassos, d. h. Rechnungslegung und Einzug des Rechnungsbetrages anläßlich der Zählerablesung, bzw. die Legung einer getrennten Rechnung nach der Ablesung, wird stark von der Art des Versorgungsgebietes abhängen. Mit beiden Verfahren werden jedenfalls in der Gesamtheit annähernd die gleichen Kosten auflaufen. Eine wesentliche Kostensenkung kann beim Geldeinzug durch Verlängerung des Ablesezeitraumes erreicht werden. Derzeit geht man auch allmählich von der einmonatlichen auf die zweimonatliche Zählerablesung über. Dabei nehmen die Werke den durch die Vergrößerung des Ablesezeitraumes verursachten Zinsenverlust in Kauf, wogegen die Abnehmer sich damit abfinden müssen auf einmal größere Strombeträge zu bezahlen. Auch mit noch größeren Ablesezeiträumen und Zwischenschaltung von Abschlagrechnungen wurden bereits Versuche gemacht, die hauptsächlich durch den Personalmangel im Krieg ausgelöst wurden. Die Erfahrungen damit sind jedoch noch nicht abgeschlossen. Als bewiesen kann gelten, daß das Zwei-Monats-Inkasso Vorteile bringt, denen keine wesentlichen Nachteile gegenüberstehen, so daß wahrscheinlich seine weitgehende Einführung bevorsteht. Die erzielten Kostenverringerungen betragen bis zu 1,5 RM je Kleinabnehmer jährlich. Längere Ablesezeiträume mit zwischengeschalteten Abschlagrechnungen verursachen keine unüberbrückbaren Schwierigkeiten, doch spielen hier die Art des Versorgungsgebietes und die wirtschaftliche Stärke der Abnehmer eine wesentliche Rolle. Es ist anzunehmen, daß auf Grund der jetzt im Krieg geschöpften

Erfahrungen diese Inkassoarten so ausgebildet werden können, daß in manchen Versorgungsgebieten gegen eine Beibehaltung bzw. Einführung nach dem Kriege nichts einzuwenden sein wird.

Wenn sog. Kosten für die Übergabe eingeführt werden, dann sind unter diesen, neben den Abnehmerkosten, noch die unmittelbar von den Abnehmern verursachten Kosten in der Hauptverwaltung des Stromlieferungsunternehmens zu verstehen. Dazu zählen die Werbungskosten, Ausgaben für die Kundenberatung usw. Die Höhe dieser Kosten kann sehr verschieden sein, so daß nähere Angaben nicht darüber gemacht werden können.

Einen allgemeinen Anhaltspunkt über den Anteil, den jeder Abnehmer an den Errichtungskosten der Verteilungsanlage hat, mögen noch einige Angaben über die Länge der Netze und die Zahl der Transformatorenstationen geben. In einem Vortrag wurde im Jahre 1938 vom Leiter des räumlich größten Elektrizitätsversorgungsunternehmens des Reiches angeführt, daß in diesem Versorgungsgebiet auf den ländlichen Abnehmer im Durchschnitt 20 m Niederspannungsnetz und rd. 35 m Mittelspannungsnetz entfallen und daß für rd. 50 ländliche Abnehmer eine Transformatorenstation notwendig ist. Bei städtischen Abnehmern ändern sich diese Zahlen in der gleichen Reihenfolge auf rd. 8 und 3,4 m sowie rd. 200 städtische Abnehmer pro Station. Wenn die früher genannten Anlageschätzwerte hier eingeführt werden, dann ergibt sich, daß auf jeden ländlichen Kleinabnehmer 320 RM für die Errichtung der Mittel- und Niederspannungsnetze und der Transformatorenstation entfallen. Bei der hohen Kapitalintensität der Stromlieferungsunternehmungen belasten diese Ausgaben die Stromgestehungskosten für Kleinabnehmer außerordentlich stark.

c) Grundsätze für die Aufteilung der Stromgestehungskosten auf verschiedene Abnehmergruppen.

Spitzenanteilverfahren, praktische Durchführung der Höchstlastaufteilung, Zahlenbeispiel.

Das Zahlenbeispiel für eine Vorausrechnung am Ende des Abschnittes a) über die Stromgewinnungsstätte zeigte eine Stromgestehungskostenrechnung für eine Anlage, die ausschließlich für die Versorgung einer Industrie als einzigen Abnehmer diente. Die dort errechneten Stromgestehungskosten fielen daher zur Gänze auf diese Industrie. Von einem Elektrizitätsversorgungsunternehmen werden aber zahlreiche Abnehmer mit elektrischer Energie versorgt, die ganz verschiedene, untereinander zeitlich verschobene Leistungsansprüche stellen und die weit auseinanderliegende Benutzungsstunden erreichen, je nachdem ob es sich um Kleinabnehmer mit ausschließlichem Lichtbedarf oder mit Bezug für Licht und Haushaltgeräte, eventuell zusätzlich für Elektroherd und Heißwasserbereiter, oder um gewerbliche und landwirtschaftliche Abnehmer mit Motoren oder um Industrien handelt. Diese Abnehmer sind weiters zum Teil an die Hoch-, Mittel- und Niederspannungsanlagen angeschlossen und benützen daher die aus Stromgewinnungsstätten, Fortleitung und Verteilung bestehenden Anlagen des Elektrizitätsversorgungsunternehmens in verschiedenem Ausmaß. Jeder einzelne Abnehmer hat daher theoretisch an den gesamten auflaufenden Stromgestehungskosten einen anderen Anteil. Die Aufteilung dieser Kosten auf jeden einzelnen Abnehmer ist wohl bei dem Umfang der heutigen Stromlieferungsunternehmungen unmöglich. Es kann ja auch nicht jeder Kleinabnehmer anders behandelt werden. Die Bildung von Abnehmergruppen ist daher unerläßlich, die aus Abnehmern mit ähnlichen Abnahmeverhältnissen zu bestehen haben. Selbstverständlich ist es dabei möglich diese Gruppen enger oder weiter zu ziehen. Wegen der besseren Übersicht und für unsere grundsätzlichen Überlegungen wollen wir vorläufig nur drei Abnehmergruppen unterscheiden:

die Gruppe der Großabnehmer (mit Hochspannung versorgt),
  „ „ „ Mittelabnehmer (mit Mittelspannung versorgt),
  „ „ „ Kleinabnehmer (mit Niederspannung versorgt),

Wenn elektrische Bahnen mitversorgt werden, dann müssen diese in einer eigenen Gruppe zusammengefaßt und getrennt untersucht werden. Darauf kann jedoch hier nicht eingegangen werden, weil bei elektrischen Bahnen in bezug auf Belastung und Benutzungsstunden je nach der Art derselben (Voll-, Klein-, Straßenbahnen), der Anzahl der in Verwendung stehenden Lokomotiven bzw. Triebwagen, der Geländeverhältnisse, der Verkehrsdichte, der Zahl der Haltestellen usw. stark unterschiedliche Verhältnisse vorliegen können, die meist erst nach einem graphischen Verfahren ermittelt werden müssen und weil daher die nähere Behandlung dieses weitläufigen Sondergebietes den Rahmen dieser Schrift überschreiten würde.

Über die Grundsätze für die Aufteilung der Gestehungskosten auf die verschiedenen Abnehmergruppen besteht eine umfangreiche Literatur. Die verschiedensten Wege wurden zur Lösung dieser Frage beschritten. Alle Methoden müssen jedoch mit Annahmen und Voraussetzungen arbeiten, die nur für bestimmte Fälle zutreffen können, so daß es sich immer wieder nur um Näherungsverfahren handeln kann. Ein exaktes Verfahren ist bisher nicht bekannt. Es würde zu weit führen, wenn alle Wege, die diese Frage lösen wollten, beschrieben werden sollten. Daher ist es am zweckmäßigsten, nur eine gebräuchliche Methode der Aufteilung der festen Kosten auf die verschiedenen Abnehmergruppen zu besprechen und zwar die Aufteilung der Gestehungskosten „nach der Beteiligung der Abnehmergruppen an der Zentralenhöchstlast". (Spitzenanteilverfahren.)

Nach dieser Methode werden die festen Kosten der Stromgewinnung, deren Aufteilung von der Art der Abnahme besonders abhängig ist, in jenem Verhältnis auf die einzelnen Abnehmergruppen aufgeteilt, in dem diese Anteil an der Zentralenhöchstlast haben. Die höchste Leistungsanforderung des Abnehmers bedingt ja die Ausbaugröße der für die Stromlieferung notwendigen Anlagen, die infolge der hohen Kapitalsintensität den größten Einfluß auf die festen Kosten haben. Wenn viele Abnehmer bzw. Abnehmergruppen von einem Elektrizitätsversorgungsunternehmen Strom beziehen, dann wird die Zentralenhöchstlast, d. i. die im Jahr höchste auftretende Belastung in den Stromgewinnungsstätten des Lieferungsunternehmens, für deren Ausbaugrößen maßgeblich sein. Der Anteil an dieser Zentralenhöchstlast ist daher ein Maß für den Anteil jeder Abnehmergruppe an den festen Stromgestehungskosten. Wenn eine Abnehmergruppe außerhalb des Zeitpunktes, an dem die Zentralenhöchstlast festgestellt wird, eine größere Leistung in Anspruch nimmt, als anläßlich des Auftretens dieser, dann beeinflußt dies den auf sie entfallenden Anteil der festen Stromgestehungskosten nicht, weil in diesem Augenblick die benötigte Leistung frei war und die Stromlieferungsanlage nicht dieser Anforderung angepaßt sein mußte.

Die Zentralenhöchstlast tritt, wie schon früher ausgeführt wurde, bei Elektrizitätsversorgungsunternehmungen gewöhnlich im Dezember auf. Die Zusammensetzung dieser Höchstlast wird ermittelt und die Bestimmung der Einzelhöchstlasten vorgenommen, die dann auf die Abnehmergruppen aufgeteilt werden.

Die praktische Durchführung der Höchstlastaufteilung auf die einzelnen Abnehmergruppen erfolgt dabei meist derart, daß Messungsergebnisse herangezogen werden, die durch Schätzungen ergänzt werden. Die Zentralenhöchstlast wird wohl bei allen Werken gemessen werden. Ebenso liegen fast durchwegs Höchstlastmessungen bei den Großabnehmern vor. Bei den Mittelabnehmern wird vorwiegend ebenfalls die in Anspruch genommene Leistung gemessen. Evtl. zusätzliche Schätzungen sind verhältnismäßig leicht vorzunehmen. Wenn daher Zentralenhöchstlast, Höchstlastanteil der Großabnehmer und Höchstlastanteil der Mittelabnehmer bekannt sind, dann berechnet sich der Höchstlastanteil für die Kleinabnehmer, — bei denen Belastungsmessungen im allgemeinen nicht durchgeführt werden, weil sie viel zu schwierig und kostspielig wären, — aus der Differenz zwischen der Zentralenhöchstlast und der Summe der Höchstlastanteile der Groß- und Mittelabnehmer. Im Verhältnis dieser Anteile an der Zentralenhöchstlast werden die festen Kosten auf die Abnehmergruppen aufgeteilt.

Diese Methode der Aufteilung der festen Kosten auf verschiedene Abnehmergruppen wird gegenwärtig fast ausschließlich verwendet und belastet Dauerabnehmer mit ihren wirklichen Leistungsansprüchen. Sie hat nur den Nachteil, daß Abnehmer, die überhaupt nicht zur Zeit der Zentralenhöchstlast beziehen, ganz frei von festen Kosten bleiben. Auch wenn mehrere fast gleich hohe Spitzen auftreten, können sich in jedem Fall verschiedene Anteile ergeben, überhaupt, wenn die beiden fast gleichen Spitzen zeitlich weit auseinander liegen, z. B. eine Lichtspitze im Dezember und eine Druschspitze im Sommer oder Herbst. Zufallsspitzen müssen selbstverständlich nach Möglichkeit ausgeschaltet werden. Alle diese Fehlerquellen werden jedoch gering, wenn den Untersuchungen große Abnehmergruppen zugrunde gelegt werden.

Um den Aufbau einer Gestehungskostenrechnung und den Einfluß der verschiedenen Faktoren auf die Strompreise darzustellen, möge nun ein Beispiel folgen. Dabei sollen zwecks besserer Übersichtlichkeit möglichst einfache Annahmen getroffen werden.

In den Zentralen eines Überlandelektrizitätswerkes steht eine Höchstleistung von zusammen 100 000 kW bereit, zuzüglich 25% Reserve. Bei angenommenen 300 RM Baukosten je Zentralen-Kilowatt und festen Jahreskosten von z. B. 18% derselben ergibt sich ein fester Jahresaufwand von $125\,000 \times 300 \times 0{,}18 = 6{,}75$ Mio. RM.

Dieser verteilt sich auf drei Abnehmergruppen — hochspannungsseitig belieferte Großabnehmer, mittelspannungsseitig belieferte Mittelabnehmer und niederspannungsseitig belieferte Kleinabnehmer — im Verhältnis ihrer Anteile an der Zentralenhöchstlast von 100 000 kW. Dieses sei in gleicher Reihenfolge mit $0{,}4:0{,}3:0{,}3$ angenommen, also entsprechend festen Kostenanteilen von 2,7, 2,025, 2,025 Mio. RM. ($= 6{,}75 \times 0{,}4$, bzw. $\times 0{,}3$, bzw. $\times 0{,}3$).

Mit den vom Großverbrauch beanspruchten $100\,000 \times 0{,}4 = 40\,000$ Zentralen-Kilowatt können den einzelnen Großabnehmern an ihren Zählern mehr Kilowatt beanspruchter Höchstleistung bereitgestellt werden, weil ihre Höchstlasten zeitlich gegeneinander verschoben sind. Wird der Gleichzeitigkeitsfaktor innerhalb des Großverbrauches mit 0,8 angenommen und weiter vorausgesetzt, daß die vom Großverbrauch bezogene Leistung bei ihrem Zusammenlaufen mit dem Leistungsverbrauch anderer Gruppen in der

Fortleitungsanlage nochmals einem Gleichzeitigkeitsfaktor 0,9 unterliegt, so können mit einem Kilowatt Zentralenhöchstleistung am Großabnehmerzähler $\dfrac{1}{0,8 \times 0,9} = 1,39$ kW beanspruchte Höchstleistung bereitgestellt werden. Dabei kann der geringe Leistungsverlust in der Fortleitung der Einfachheit halber vernachlässigt werden. Somit lasten auf einem am Großabnehmerzähler bereitstehendem Kilowatt feste Zentralenkosten von $\dfrac{2\,700\,000 \times 0,8 \times 0,9}{40\,000} = 48,6$ RM.

Der gleiche Betrag ergibt sich, wenn der Einfachheit halber dieselben Gleichzeitigkeitsfaktoren angenommen werden, selbstverständlich für das am Mittelabnehmerzähler bereitstehende Kilowatt aus $\dfrac{2,025\,000 \times 0,8 \times 0,9}{30\,000} = 48,6$ RM.

Beim Kleinverbrauch kann der in der Verteilungsanlage auftretende Leistungsverlust nicht vernachlässigt werden, er sei mit 10% angenommen. Die Gleichzeitigkeitsfaktoren werden wegen der sehr verschiedenen Betriebsweise der hier zusammenlaufenden Gruppen Haushalt, Gewerbe und Landwirtschaft, bzw. wegen der zahlreicheren zu durchlaufenden Gabelstellen kleiner sein, sie seien auf 0,7 bzw. 0,8 geschätzt. Damit ergeben sich die festen Zentralenkosten für ein am Kleinabnehmer bereitstehendes Kilowatt zu $\dfrac{2,025\,000 \times 0,7 \times 0,8}{30\,000 \times 0,9} = 42$ RM.

Die Fortleitungsanlage ist wegen des schon in ihr zur Geltung kommenden Gleichzeitigkeitsfaktors für eine etwas höhere maximale Durchgangsleistung zu bemessen als für die Zentralenleistung. Dagegen kann ein Zuschlag für Reserve hier entfallen, da die Leitungen überlastbar sind und die Vermaschung der Netze schon eine genügende Reserve bietet. Somit ist die höchste fortzuleitende Leistung gleich $\dfrac{40\,000}{0,9} + \dfrac{30\,000}{0,9} + \dfrac{30\,000}{0,8} = 115\,000$ kW. Bei angenommenen 300 RM Baukosten je fortzuleitendes Kilowatt und festen Jahreskosten von z. B. 16% derselben ergibt sich ein fester Jahresaufwand von $115\,000 \times 300 \times 0,16 = 5,52$ Mio. RM.

Die Aufteilung dieses Betrages auf die drei Abnehmergruppen kann nicht nach ihren Anteilen an der Zentralenhöchstlast erfolgen, weil der Großverbrauch das Mittelspannungsnetz nicht beansprucht, das nur dem Mittel- und Kleinverbrauch dient. Als Aufteilungsschlüssel für die gesamten Fortleitungskosten sei daher das Verhältnis 0,2 : 0,4 : 0,4 angenommen. Damit berechnet sich die Belastung eines am Verbraucherzähler bereitstehenden Kilowatt durch die festen Fortleitungskosten:

für den Großabnehmer zu $\dfrac{5{,}520\,000 \times 0{,}2 \times 0{,}8 \times 0{,}9}{40\,000} = 19{,}87$ RM,

für den Mittelabnehmer zu $\dfrac{5{,}520\,000 \times 0{,}4 \times 0{,}8 \times 0{,}9}{30\,000} = 53$ RM,

für den Kleinabnehmer zu $\dfrac{5{,}520\,000 \times 0{,}4 \times 0{,}7 \times 0{,}8}{30\,000 \times 0{,}9} = 45{,}8$ RM.

Die Verteilungsanlage belastet nur den Kleinverbrauch. Hier kompensiert sich selbstverständlich die Wirkung des Gleichzeitigkeitsfaktors auf Erhöhung der bereitstellbaren Kilowattzahl und auf Erhöhung der Baukostensumme, so daß bei angenommenen 400 RM Baukosten je zu verteilendes Kilowatt und z. B. 20% jährlichen Kosten, das am Kleinabnehmerzähler bereitstehende Kilowatt durch die festen Verteilungskosten mit $400 \times 0{,}20 = 80$ RM belastet wird. Zu verteilen sind $\dfrac{30\,000 \times 0{,}9}{0{,}7 \times 0{,}8} = 48\,214$ kW. Die ganzen Verteilungskosten machen $48\,214 \times 80 = 3{,}86$ Mio. RM aus.

Die Summe der festen Kosten für ein am Verbraucherzähler bereitstehendes Kilowatt beträgt somit je Jahr für den Großverbrauch: $48{,}6 + 19{,}87 = 68{,}47$ RM, für den Mittelverbrauch: $48{,}6 + 53 = 101{,}6$ RM, für den Kleinverbrauch: $42 + 45{,}8 + 80 = 167{,}8$ RM.

Als Werte für die Benutzungsdauer der an den Verbraucherzählern beanspruchten Höchstleistung seien in gleicher Reihenfolge 4 750, 3 250, 750 Jahresstunden angenommen.

Damit berechnet sich die am Zähler abgegebene Arbeit zu $\dfrac{40\,000 \times 4\,750}{0{,}8 \times 0{,}9} = 264$ Mio. kWst, $\dfrac{30\,000 \times 3\,250}{0{,}8 \times 0{,}9} = 136$ Mio. kWst, $\dfrac{30\,000 \times 0{,}9 \times 750}{0{,}7 \times 0{,}8} = 36$ Mio. kWst.

Die Arbeitsverluste seien in der Hochspannungs- und Mittelspannungsverteilung auf je 7,5% und in der Niederspannungsverteilung auf 15% geschätzt.

Die von den Zentralen abzugebende Arbeit ergibt sich in der gleichen Reihenfolge zu $\dfrac{264}{0{,}925} = 285$ Mio. kWst, $\dfrac{136}{0{,}925 \times 0{,}925} = 159$ Mio. kWst, $\dfrac{36}{0{,}925 \times 0{,}925 \times 0{,}85} = 50$ Mio. kWst, die gesamte Zentralenarbeit zu $285 + 159 + 50 = 494$ Mio. kWst und die mittlere jährliche Benutzungsdauer der Zentralenhöchstlast zu $\dfrac{494 \text{ Mio. kWst}}{100\,000 \text{ kW}} = 4\,940$ Stunden.

Werden die beweglichen Kosten der kWst im Mittel über Dampf und Wasserkrafterzeugung unter Einschluß der Arbeitsverluste, an den Verbrauchsstellen mit 1,3, 1,4, 1,6 Rpf angesetzt, so sind die gesamten beweglichen Kosten gleich 264 Mio. $\times$ 0,013 $+$ 136 Mio. $\times$ 0,014 $+$ 36 Mio. $\times$ 0,016 $=$ 3,43 $+$ 1,9 $+$ 0,58 $=$ 5,91 Mio. RM.

Die ganzen Jahreskosten betragen somit 6,75 $+$ 5,52 $+$ 3,86 $+$ 5,91 $=$ 16,13 $+$ 5,91 $=$ 22,04 Mio. RM.

In der üblichen Form lauten die Gestehungskosten:

für die Großabnehmer 68,47 RM je kW und Jahr $+$ 1,3 Rpf je kWst,

für die Mittelabnehmer 101,6 RM je kW und Jahr $+$ 1,4 Rpf je kWst,

für die Kleinabnehmer 167,8 RM je kW und Jahr $+$ 1,6 Rpf je kWst

oder auf die kWst bezogen:

$\dfrac{68\,470}{4\,750} + 1,3 = 1,44 + 1,3 = 2,74$ Rpf je kWst für die Großabnehmer,

$\dfrac{101\,600}{3\,250} + 1,4 = 3,13 + 1,4 = 4,53$ Rpf je kWst für die Mittelabnehmer,

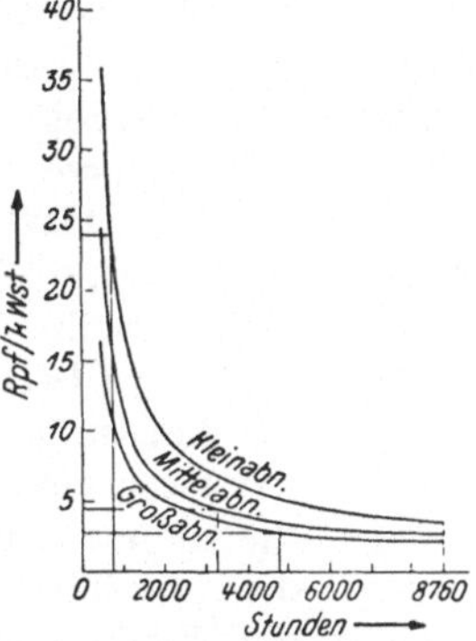

Abb. 31. Gestehungskostenlinien für drei Abnehmergruppen.

$\dfrac{167\,800}{750} + 1,6 = 22,39 + 1,6 = 23,99$ Rpf je kWst für die Kleinabnehmer.

Die gesamten Kosten an den Verbrauchsstellen berechnen sich daraus wie folgt: 264 Mio. $\times$ 0,0274 $=$ 7,24 Mio. RM, 136 Mio. $\times$ 0,0453 $=$ 6,16 Mio. RM, 36 Mio. $\times$ 0,2399 $=$ 8,64 Mio. RM, Gesamtkosten daher: 7,24 $+$ 6,16 $+$ 8,64 $=$ 22,04 Mio. RM, was mit den vorher auf anderem Weg ermittelten gesamten Jahreskosten übereinstimmt.

Die Gestehungskostenlinien für die 3 Abnehmergruppen zeigt die Abb. 31.

d) Folgerungen.

Aus den Ausführungen und den Zahlenbeispielen ist ganz deutlich zu entnehmen, daß die Stromgestehungskosten von der Art der Stromentnahme völlig abhängig sind, d. h. ob die Belieferung ab Hoch-, Mittel- oder Niederspannung erfolgt und daß die jährliche Benutzungsdauer einen maßgebenden Einfluß auf die Höhe der Gestehungskosten je kWst ausübt. Ein für alle Abnehmer einheitlicher Preis ist daher ganz ausgeschlossen. Darauf kann nicht oft und eindringlich genug verwiesen werden.

Ein gleicher Tarif kann immer nur für gleichartige Abnehmer gegeben werden. Es ist daher ein schwerer Fehler, wenn immer wieder der mittlere Strompreis einfach aus der Division der gesamten Jahresausgaben durch die gesamten verkauften kWst ermittelt und dann behauptet wird, daß die Großabnehmer unter den Selbstkosten beliefert werden, die Kleinabnehmer dagegen viel zu hohe Preise bezahlen müßten, weil dieser so errechnete mittlere Strompreis über dem Großabnehmer- und unter dem Kleinabnehmerpreis liegt.

Weiters ist ersichtlich, daß eine Verbilligung der Kleinabnehmerpreise in erster Linie durch Senkung der Verteilungskosten erfolgen muß, wogegen die Großabnehmerpreise vorwiegend von der Höhe der Stromerzeugungskosten abhängig sind.

Aus dem grundsätzlichen Aufbau der Gestehungskostenrechnung geht schon hervor, daß die Kosten kleiner werden:

wenn der jährliche Kostenanteil der Leistung des Kraftwerkes und der Übertragungseinrichtungen kleiner wird;

,,   der Leistungsverlust herabgedrückt wird;

,,   der Reservefaktor kleiner wird;

,,   die Benutzungsdauer groß wird;

,,   die Betriebsstoffkosten fallen;

,,   der Arbeitsverlust gering bleibt.

Auf allen diesen Gebieten der Kostensenkung wurden bisher ganz große Erfolge erzielt. Es sei hier besonders auf die Ausführungen über die Verbesserung der Wirkungsgrade bei Dampfkraftanlagen hingewiesen. Auch bei den Wasserkraftanlagen und sämtlichen technischen Einrichtungen wurden in den letzten Jahren so große Verbesserungen und Verbilligungen erreicht, daß in nächster Zeit keine wesentlichen Einsparungen mehr zu erwarten sind. Alle Bestrebungen der Elektrizitätsversorgungsunternehmungen werden sich daher darauf zu richten haben, die jährliche Benutzungsdauer der Kraftwerke zu vergrößern. Laut der Statistik der Wirtschaftsgruppe Elektrizitätsversorgung betrug die jährliche Benutzungsdauer der aufgetretenen Höchstleistung im Jahre 1940 im Reichsdurchschnitt schon fast 4900 Stunden. Die Erzielung einer weiteren Vergrößerung dieser Stundenzahl erfolgt durch Werbung von Abnehmern mit hohen Benutzungsstunden und mit Strombedarf zu Zeiten geringer Belastung, durch den Einsatz der verschiedenen Kraftwerke im Verbundbetrieb, so daß jedes einzelne Werk möglichst günstig belastet wird, durch eine moderne Tarifpolitik usw. Im Laufe von zwei Jahrzehnten konnten so die Benutzungsstunden im Reichsdurchschnitt verdoppelt werden. Auf diesem Gebiet wird auch sicherlich noch manches zu erreichen sein. Der Lohn, der einem Erfolg winkt, ist ja ganz beträchtlich. Konnte doch z. B. durch die Verdopplung der Benutzungsdauer mit den gleichen Maschinen und Anlagen, also ohne neue Investitionen, die doppelte Arbeit abgegeben werden.

Zum Schluß sei noch darauf verwiesen, daß die Tarifgestaltung von den Stromgestehungskosten stark abhängig sein wird und daß jener Tarif von den Werken besonders anzustreben ist, der sich möglichst gut den Stromgestehungskosten anpaßt. Dies hat dazu geführt, die festen Kosten der Gestehungskosten in einer Grundgebühr je zur Verfügung gestelltes kW zusammenzufassen und die beweglichen Kosten als Arbeitspreis für die nutzbar abgegebene kWst zu verrechnen, so daß man zu dem heute im Reich allgemein üblichen Grundpreistarif (früher auch Grundgebührentarif genannt) kam. Dabei ist es wohl mit Rücksicht darauf, daß der Kapitaldienst bei den kapital-intensiven Unternehmungen eine so große Rolle spielt und dieser wieder von der Ausbaugröße, also von der von den Abnehmern verursachten höchsten auftretenden Spitze abhängt, gerecht, die Abnehmer nach der Höhe ihres Anteiles an der höchsten Spitze an den Gestehungskosten teilhaben zu lassen. Der Grundpreistarif entspricht dieser Forderung und ermöglicht es auch dem Abnehmer, den Tarif mit den Kosten der Selbsterzeugung gut zu vergleichen. Er gewährt auch dem Stromlieferanten eine sichere Kalkulationsbasis. Darauf wird im nächsten Abschnitt näher eingegangen werden. Es sei hier nur noch festgehalten, daß leider bisher in der Elektrizitätswirtschaft die Aufstellung von Erfolgsrechnungen nur selten durchgeführt wird, so daß vielfach kein Überblick vorhanden ist, ob die Tarife für die verschiedenen Abnehmergruppen sich den Stromgestehungskosten anpassen oder nicht. Es wird daher vielleicht immer noch vorkommen, daß in einzelnen Werken an gewissen Abnehmergruppen unzulässig hohe Gewinne erzielt werden, wogegen andere Abnehmergruppen unter den Stromgestehungskosten beliefert werden. Jedes Stromlieferungsunternehmen sollte daher dazu verhalten werden, jährlich eine solche Erfolgsrechnung zu erstellen. Obwohl hier unter Bedachtnahme auf den Umstand, daß es sich immer nur um Näherungsverfahren handeln kann, weitgehendste Vereinfachungen vorgeschlagen wurden, wird auch eine nach diesen Richtlinien aufgestellte Stromgestehungskostenrechnung praktisch einen guten Überblick liefern und für die Betriebsüberwachung und für die Tarifbildung einen unschätzbaren Wert haben. Ist es doch eigentlich überhaupt erst möglich ein Elektrizitätsversorgungsunternehmen richtig zu beurteilen, wenn eine solche Stromgestehungskostenrechnung vorliegt. Nach den Ergebnissen dieser Rechnungen können auch für jede Abnehmergruppe graphische Gestehungskostenlinien entwickelt werden. Wenn der jeweils zu kontrollierende Tarif dann ebenfalls graphisch eingetragen wird, ist mit einem

Blick die Lage des Tarifes zu den Stromgestehungskosten zu ersehen.

Grundsätzlich setzt die Aufstellung einer Erfolgsrechnung das Vorhandensein einer weitgehend aufgespalteten Buchhaltung voraus. Jedenfalls muß genau feststellbar sein, welche Kosten von den einzelnen Abnehmergruppen verursacht worden sind. Es muß in Kostenstellen und Kostenarten unterteilt worden sein, wobei gewöhnlich die Anlagen in Erzeugung, Strombezug, Fernleitung mit Hochspannung, Umspannung, Fernleitung mit Mittelspannung, Ortsumspannung, Verteilung mit Niederspannung, Übergabe an die Abnehmer und Verwaltung getrennt, grundsätzlich also in Erzeugung, Fortleitung, Verteilung und Übergabe aufgeteilt wird. Die Anlagewerte werden gesondert geführt und ebenfalls entsprechend unterteilt. Aufspaltungen in Leistungskosten, Arbeitskosten, Abnehmerkosten, Kapitaldienst, Sachkosten, Personalkosten, Betriebsausgaben, Instandhaltungskosten usw. ergänzen die für eine Erfolgsrechnung notwendigen Unterlagen. Ebenso müssen selbstverständlich auch alle technischen Daten zur Verfügung stehen.

IV. Tarifgestaltung.

Entwicklung der Tarife, Pauschaltarif, Zählertarif, Grundpreistarif, Reichstarifordnung, verschiedene noch übliche Großabnehmertarife (Staffeltarif, Zonentarif, Regelverbrauchstarif, Blocktarif, Zählertarif mit Benutzungsdauerrabatt, Mehrfachtarif, Überverbrauchstarif), Tarife in den fremden Staaten.

Das Kapitel über die Gestehungskosten des elektrischen Stromes hat gezeigt, daß ein einheitlicher Preis für alle Zwecke nicht gegeben werden kann. Die Tarife müssen für die verschiedenen Abnehmergruppen so gestaltet werden, daß sie sich den Gestehungskosten möglichst anpassen.

Über den Aufbau der Tarife gingen noch bis vor wenigen Jahren die Ansichten weit auseinander. Von den drei Tarifgrundformen herrschte am Anfang der Entwicklung der Elektrizitätswirtschaft der Pauschaltarif vor, dann setzte sich der Zählertarif durch, der schließlich vom Grundpreistarif abgelöst wurde. Hierbei wird unter Pauschaltarif ein Tarif verstanden, bei dem ohne Rücksicht auf den Verbrauch ein Pauschalpreis berechnet wird, der sich im allgemeinen nach dem Anschlußwert (s. S. 34) der Verbrauchsgeräte richtet. Beim Zählertarif wird je kWst ein gleichbleibender Preis verrechnet. Der Grundpreistarif arbeitet mit einem Grundpreis, der sich meist nach der beanspruchten Leistung richtet und sieht einen Arbeitspreis nach der Anzahl der verbrauchten kWst vor (Abb. 32).

Im Großdeutschen Reich sind 200 mal soviel Kleinabnehmer wie Großabnehmer an die öffentlichen EVU angeschlossen. Dabei ist allerdings der Strombezug dieser Kleinabnehmer in ihrer Gesamtheit weniger als $^1/_5$ von dem der Großabnehmer. An den gesamten Einnahmen der EVU sind die Kleinabnehmer wieder mit mehr als 50% beteiligt. Daraus geht hervor, daß trotz des verhältnismäßig geringen Verbrauches der Kleinabnehmer eine Tarifvereinheitlichung bei deren großer Zahl die ausschlaggebende Rolle spielt.

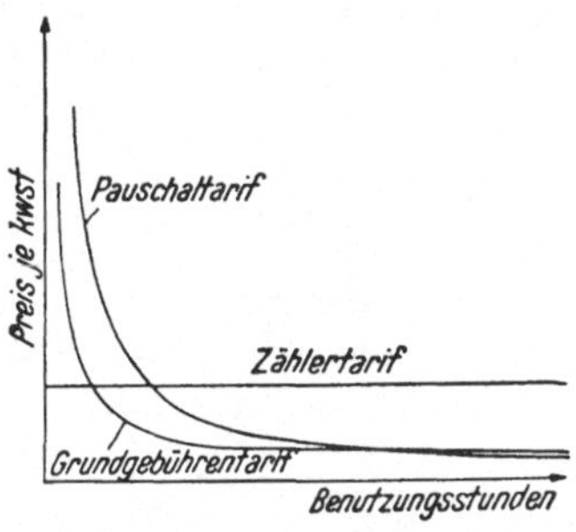

Abb. 32. Strompreise je kWst bei den Tarifgrundformen in Abhängigkeit von den Benutzungsstunden.

Dies wurde vom Staat richtig erkannt, der den auf der ganzen Welt tobenden Streit über die zweckmäßigste Form der Kleinabnehmertarife für Großdeutschland mit der am 25. Juli 1938 erfolgten Herausgabe der „Tarifordnung für elektrische Energie" entschieden hat. Damit wurde für das ganze Reichsgebiet als Einheitstarifform der Grundpreistarif mit einheitlichem Wortlaut und einheitlichen Arbeitspreisen festgesetzt und gleichzeitig anerkannt, daß für die Tarifgestaltung die Stromgestehungskosten maßgebend sind.

Den Kleinabnehmern ist nach dieser Tarifordnung die Wahl zwischen drei Grundpreistarifen gelassen, nämlich einem Tarif mit ganz niedrigem Grundpreis aber hohem Arbeitspreis (Kleinstabnehmertarif), einem Tarif mit mittlerem Grundpreis und einem Arbeitspreis von höchstens 15 Rpf je kWst und einem Tarif mit höherem Grundpreis und einem Arbeitspreis von höchstens 8 Rpf je kWst. Weiters müssen die Elektrizitätsversorgungsunternehmen zu gewissen von ihnen bestimmten Zeiten elektrische Arbeit um 4 Rpf je kWst anbieten, wobei der Verwendungszweck beschränkt und für einzelne Verbrauchseinrichtungen auch ein Pauschale festgesetzt werden kann. Grundsätzlich erstrecken sich die Bestimmungen der Tarifordnung auf die Tarife für Haushalt, gewerbliche und landwirtschaftliche Abnehmer. Als Bezugsgröße für die Grundpreise dienen die Anschlußwerte oder die beanspruchte, bestellte und begrenzte Leistung, oder beim Haushalttarif die Zahl der bewohnbaren Räume, beim Gewerbetarif die Raumgröße nach Grundfläche, beim landwirtschaftlichen Tarif die Größe der landwirtschaftlich genutzten Fläche in Hektareinheiten.

Die in der Tarifordnung festgesetzten einheitlichen Arbeitspreise von höchstens 8 und 15 Rpf je kWst bedingen, daß ein Teil der Leistungskosten in den Arbeitspreis eingerechnet werden muß. Würde die Angleichung an die Gestehungskosten weitergehend erfolgen, dann würden sich sehr niedrige Arbeitspreise und verhältnismäßig hohe Grundpreise ergeben. Mit der Abnahme der Benutzungsstunden würden dann die durchschnittlichen Kosten je kWst sehr rasch anwachsen, so daß der Tarif stark absatzempfindlich werden würde. Die Kleinabnehmer könnten einen

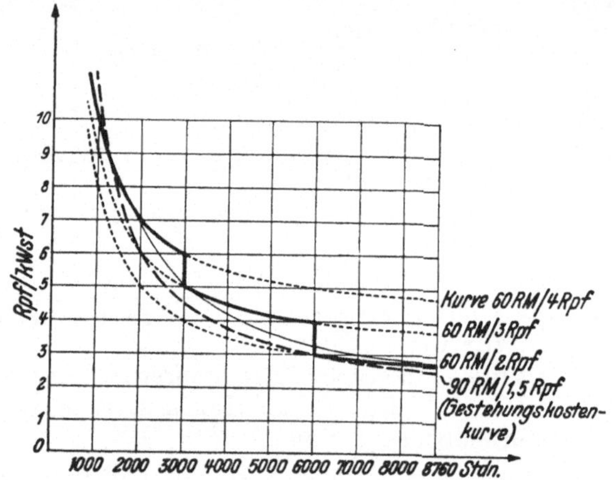

Abb. 33. Grundpreistarif mit gestaffeltem Arbeitspreis.

derartigen Tarif nicht annehmen, weil sie nur sehr niedrige Benutzungsstunden erreichen.

Bei Großabnehmern geht man in der Angleichung an die Gestehungskostenlinie ohnehin weiter. Aber auch dort wird manchmal noch ein Teil der festen Kosten auf den Arbeitspreis umgelegt. Eine solche Umgruppierung der Kosten bedingt bei einer wesentlichen Abweichung von der der Rechnung zugrunde gelegten Benutzungsstundenzahl ein Entfernen von der Gestehungskostenlinie. Diese Erkenntnis führte zur Staffelung der Arbeitspreise in Abhängigkeit von den Benutzungsstunden. Die folgenden beispielsweisen Strompreiskurven für eine Großabnehmerlieferung zeigen dies sehr deutlich. (Abb. 33). Dabei wird angenommen, daß die Gestehungskosten 90 RM jährlich je kW und 1,5 Rpf je kWst betragen. Wenn nun der betreffende Großabnehmer z. B. normal 4000 Benutzungsstunden erreicht und der Jahresgrundpreis aus vorgeschilderten Gründen mit 60 statt 90 RM je kW festgesetzt werden soll, dann wird der dazugehörige Arbeitspreis bei ungefähr 3 Rpf je kWst liegen müssen, wenn ein entsprechender Gewinn erzielt werden soll. Aus den zu diesem Grundpreis gehörigen Kurvenscharen ist ersichtlich, daß bei Erreichen von etwa 6000 Betriebsstunden eine Ermäßigung des Arbeitspreises auf 2 Rpf je kWst gewährt werden kann, andererseits bei Unterschreiten von etwa 3000 Benutzungsstunden ein Arbeitspreis von 4 Rpf je kWst gefordert werden muß, wenn sich die Strompreiskurve der Gestehungskostenlinie anpassen soll.

Die Staffelung des Arbeitspreises hat jedoch den Nachteil, der jedem Staffeltarif anhaftet, daß an den Staffelgrenzen eine geringe Veränderung der Bezugsgröße — hier der jährlichen Benutzungsstundenzahl — den Arbeitspreis sprunghaft um einen vollen Staffel ändert. Die Strompreiskurven Abb. 33 und die folgenden Ausführungen über den Staffeltarif mit der zugehörigen Abb. 34 lassen die Preisstufen gut erkennen. Ein Abnehmer, dessen Betrieb an einer Staffelgrenze arbeitet, (in unserem Beispiel bei 3000 oder 6000 jährlichen Benutzungsstunden) wird es als Härte empfinden, wenn er diese knapp nicht erreichen konnte, bzw. er wird seinen Gesamtbezug zu vergrößern trachten, ohne gegebenenfalls Bedarf zu haben, nur um die Benutzungsstunden zu heben und so in den niedrigeren Staffel zu kommen. Dieser Nachteil kann ausgeschaltet werden, wenn an Stelle der Staffelung des Arbeitspreises, für diesen ein Zonentarif mit jährlichen Benutzungsstunden als Bezugsgröße gewählt wird. Über den Zonentarif wird auch später noch näher gesprochen werden. Für unser Beispiel mit Gestehungskosten von RM 90.— jährlich je kW und 1,5 Rpf je kWst könnten z. B. folgende Verkaufspreisansätze gewählt werden: Jahresgrundpreis 60 RM je kW, Arbeitspreis bis 2000 jährliche Benutzungsstunden 4 Rpf je kWst, für jede darüberhinausgehende kWst 1,5 Rpf. Die nunmehr stetige Strompreiskurve wurde in der Abb. 33 ganz dünn angedeutet. Trotzdem werden derartige Arbeitspreise nach Zonentarif von den Abnehmern auch vielfach mit Ablehnung aufgenommen, weil die Auswirkungen schwieriger zu übersehen sind und weil die Verteilung der zu zahlenden Stromrechnungsbeträge über das Jahr ungleichmäßig ist. Solange der Arbeitspreis der Hochzone gilt, also in den ersten Monaten des Jahres, werden die Stromrechnungen ein Mehrfaches jener Rechnungen ausmachen, die sich über die Zeit der Tiefzone ergeben. Dies wird vom Abnehmer oftmals kalkulationsstörend empfunden.

Da für Großabnehmer derzeit außer reinen Grundpreistarifen auch noch andere Tarifarten verwendet werden, seien diese hier kurz angeführt:

Der Staffeltarif ist ein Tarif, bei dem je nach Überschreiten bestimmter Arbeitsmengen verschiedene Arbeitspreise verrechnet werden und zwar wird der niedrigere Arbeitspreis für alle abgenommenen kWst verrechnet, wenn jeweils die festgesetzten Arbeitsmengen überschritten wurden. Die Grenzfestsetzung der Arbeitsmengen, bei der die Ermäßigungen eintreten, kann vom Anschlußwert, von der Höchstbelastung oder anderen Bezugsgrößen abhängig gemacht werden (Abb. 34). Es wurde schon früher festgestellt, daß bei diesem Tarif an den Staffelgrenzen im Übergangsgebiet die Gesamtrechnung bei steigendem Verbrauch kleiner statt größer wird, was sowohl die Abnehmer als auch das Lieferwerk als unrichtig empfinden. Dieser Übelstand kann dadurch gemildert

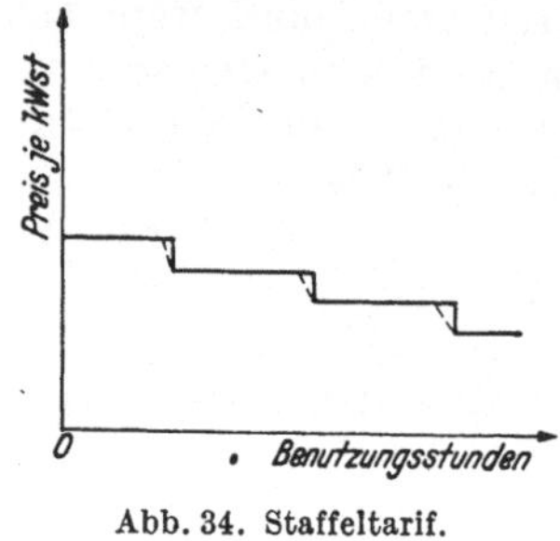

Abb. 34. Staffeltarif.

werden, daß die Preisunterschiede zwischen zwei Staffeln klein gehalten werden, was aber eine unerwünschte Staffelvermehrung bedingt, oder daß im Liefervertrag eine Bestimmung vorgesehen wird, wonach die Gesamtrechnung auch bei geringerem Bezug und höherem Preis je kWst nicht größer sein darf, als bei höherem Bezug und niedrigerem Preis je kWst. Diese Bestimmung hat zur Folge, daß dann vor den Staffelgrenzen die Höhe der Gesamtrechnung über einen bestimmten Verbrauchsbereich gleich bleibt; die Strompreiskurve je kWst ändert sich nach der in der Abb. 34 strichliert angedeuteten Art. Sowohl die größere Staffelzahl als auch die Aufnahme dieser Bestimmung können jedoch den Nachteil dieses Tarifes nicht beheben. Sie führen dagegen zu einer schwierigeren Abrechnung und stören die Übersichtlichkeit.

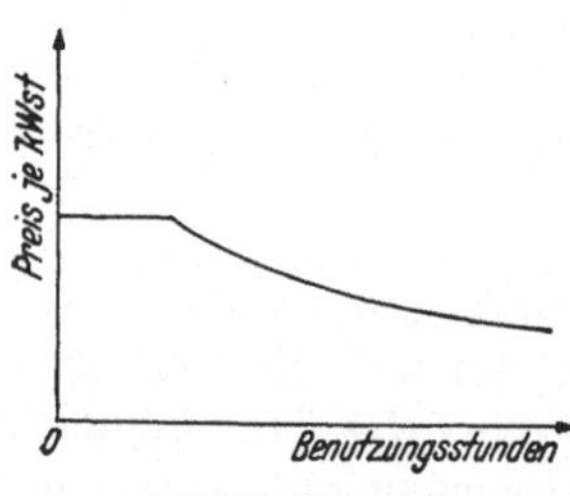

Abb. 35. Zonentarif.

Bei dem Zonentarif wird je nach Überschreiten bestimmter Arbeitsmengen für die über diese Arbeitsmengen hinausgehenden kWst ein niedrigerer Arbeitspreis verrechnet. Er ähnelt dem Grundpreistarif am meisten. Wenn nur zwei Zonen vorgesehen werden, dann nimmt die Strompreiskurve je kWst die in der Abb. 35 gezeigte Form an. In der ersten Zone ist diese eine Gerade parallel zur Abszissenachse, also dem Zählertarif entsprechend, in der zweiten Zone ist sie eine Hyperbel, so wie beim Grundpreistarif. Im Haushalt war dieser Tarif mit der Raumzahl als

Bezugsgröße, unter dem Namen Regelverbrauchstarif üblich, wobei der Verbrauch der ersten Zone als „Regel" bezeichnet wurde. Er hat für den Haushalt heute im Reich nur mehr historischen Wert, da er laut Tarifordnung dort nicht mehr zugelassen wird.

Wenn beim Zonentarif keine Bezugsgröße vorgesehen ist und die Zonen für alle versorgten Abnehmer gleich bleiben, dann spricht man von einem Blocktarif.

Zählertarif mit Benutzungsdauerrabatt. Hier werden bei Überschreiten bestimmter Benutzungsdauern Rabatte gegeben. Bei der Berechnung der Benutzungsdauer wird entweder der Anschlußwert oder die Höchstbelastung, die während einer bestimmten Zeit — meist während eines Jahres -- auftritt, zugrunde gelegt. Die Rabatte können entweder in Form von Staffeln auf den gesamten Verbrauch, oder nur auf bestimmte Teile desselben -- auf „Zonen" —, gewährt werden. Es handelt sich daher um einen Staffel- oder Zonentarif mit der Benutzungsdauer als Bezugsgröße. (Abb. 34, 35).

Die bisher genannten Tarifarten fördern den Verbrauch und die Erhöhung der Benutzungsdauer. Sie veranlassen den Abnehmer aber nicht zur Einhaltung von Arbeitszeiten, in denen die Werke gering belastet sind.

Der Doppel- und Dreifachtarif (Mehrfachtarif) mit zwei, drei oder mehr Preisstufen will den Verbrauch von der Kostenseite her zeitlich beeinflussen. Er berechnet verschiedene Arbeitspreise je nach der Tageszeit, d. h. je nachdem, ob in Zeiten der Hauptbelastung des Werkes abgenommen wird oder zu Zeiten von Leistungsüberschüssen. Mit steigender Zahl der Preisstufen werden jedoch die Meßkosten größer.

Der Überverbrauch-(Spitzen-)Tarif nimmt auf die Leitung und mittelbar auf die Ausnützung dadurch Einfluß, daß er den Verbrauch, der unter einer bestimmten vereinbarten Leistungsgrenze liegt, zu einem niedrigeren Einheitspreis, den darüber liegenden Teil zu einem höheren Einheitspreis berechnet. Die Notwendigkeit des Einbaues eines Überverbrauchzählers neben dem normalen Zähler erschwert die Einführung dieses Tarifes.

Wenn auch die Tarifordnung nur für Haushalte, Gewerbe und Landwirtschaft Geltung hat, so führt sie doch dazu, daß auch die Industrie im Reich heute fast ausschließlich Grundpreistarife, gebenenfalls kombiniert mit anderen Tarifarten (vgl. Abb. 33), angeboten erhält. Da diese Abnehmer in der Lage sind, sich die elektrische Energie auch selbst zu erzeugen, werden die Offerte der EVU in bezug auf die Konkurrenzfähigkeit genauen Überprüfungen unterzogen, die dadurch erleichtert werden, daß sich der Grundpreistarif so gut den Stromgestehungskosten anpaßt und leicht einen Vergleich mit Eigenerzeugung zuläßt.

In diesem Zusammenhang sei noch festgehalten, daß der Anteil der Stromkosten am Fertigprodukt bei verschiedenen Industriezweigen außerordentlich verschieden ist. Am geringsten im Nahrungs- und Genußmittelgewerbe, in der Fahrzeug-, Bau-, Leder- und Papierindustrie, wo der Stromkostenanteil am Fertigprodukt unter 1% bleibt, steigt dieser Anteil bis zu 6% u. m. bei der Eisen schaffenden Industrie, der Industrie der Steine und Erde und bis über 10% bei Verkehrsunternehmungen.

Da bei Großabnehmern fast ausschließlich der Grundpreis nach der Leistung bemessen wird, wird der Grundpreistarif hier oft auch Leistungspreistarif genannt. Wenn nicht der Anschlußwert oder ein Teil desselben (bereitgestellte Leistung) zugrunde gelegt wird, erfolgt die Bestimmung des Grundpreises nach der Höchstbeanspruchung, die entweder in kW oder kAV gemessen wird. Für die Messung der kW-Leistung sind verhältnismäßig einfache und zuverlässige Meßinstrumente vorhanden, die außerdem nicht Zufallsspitzen messen, sondern einen Mittelwert anzeigen über eine Zeitspanne, die vereinbart werden kann und meistens 15 Minuten beträgt. Außerdem kann bestimmt werden, daß der Strompreisberechnung nicht die höchste Jahresspitze, sondern ein Mittelwert aus mehreren auftretenden höchsten Spitzen zugrundegelegt wird. Eine kVA-Messung wäre wohl wegen des damit berücksichtigten Leistungsfaktors vorzuziehen (Scheinleistungstarif). Die bezüglichen Meßinstrumente sind jedoch nicht so einfach und verläßlich, daß sie sich hätten heute schon allgemein einführen können, obwohl der klare und gut verständliche Scheinleistungstarif auch noch den Vorteil hat, dem Abnehmer Anreiz zur Leistungsfaktorverbesserung zu bieten. Der Leistungsfaktor wird daher meist durch getrennte Messung des Blindverbrauches überwacht. Wenn ein mittlerer Soll-Leistungsfaktor von 0,8 vereinbart wurde, dann wird beim Unterschreiten desselben ein Zuschlag zum Strompreis einzutreten haben (Blindverbrauchstarif). Als einfachste Berücksichtigung des Leistungsfaktors ist es üblich, für den Mehrverbrauch an Blindarbeit über 75% der Wirkarbeit, je Blind-kWst einen festen Zuschlag von x Rpf (z. B. 20% des Wirkarbeitspreises) in Rechnung zu stellen. Da bei einem $\cos \varphi = 0{,}8$ die Blindlast 75% der Wirkleistung beträgt, zeigt die vom Blindverbrauchszähler angezeigte Blindarbeit von mehr als 75% des Wirkverbrauches an, daß der Abnehmer mit einem schlechteren Leistungsfaktor als 0,8 arbeitet. Für bessere Leistungsfaktoren als 0,8 kann auch eine Vergütung gewährt werden, was allerdings nur selten vorkommt, da — wie schon früher erwähnt (vgl. S. 45) — die elektrischen Anlageteile der Zentralen bereits von vornherein für einen mittleren Leistungsfaktor von meist 0,8 ausgelegt sind. Jedenfalls wird der Prozentsatz für die Vergütung immer geringer sein als für den Zuschlag, weil bei einer Verschlechterung des Leistungsfaktors unter 0,8 der Anstieg der Stromgestehungskosten stärker ist, als im Bereich zwischen 1 bis 0,8. Es ist daher voll gerechtfertigt, wenn der Zuschlag etwa doppelt bis dreimal so groß ist wie die·Vergütung.

Die Arbeitspreise können bei Großabnehmern so niedrig festgesetzt werden, daß sie sich dem beweglichen Teil der Stromgestehungskosten stark nähern. Je mehr diese Angleichungen erfolgen, um so eher kann Grundpreis und Arbeitspreis über den ganzen Benutzungsstundenbereich gleichgehalten werden. Wenn über Wunsch der Abnehmer, damit der Tarif nicht zu absatzempfindlich wird, der Arbeitspreis verhältnismäßig höher, der Grundpreis verhältnismäßig niedriger angesetzt wird, als dies den Gestehungskosten entspricht, dann müssen — wie schon früher ausführlich begründet — Staffelungen der Arbeitspreise nach den Benutzungsstunden eingeführt werden, oder es muß für den Arbeitspreis ein Zonentarif gewählt werden, um den Abnehmer bei höheren Benutzungsstunden nicht zu benachteiligen.

Zum Schluß sei noch darauf verwiesen, daß für Großabnehmer auch Grundpreistarife mit abgestuften Leistungspreisen vorkommen, wobei der Grund- oder Leistungspreis nach dem Höchstbedarf abgestuft wird. Auch eine Abstufung des Leistungs- und Arbeitspreises wird manchmal angewendet. Wenn Grund- und Arbeitspreise nach den Benutzungsstunden gestaffelt werden, so daß mit steigenden Benutzungsstunden höhere Grundpreise und niedrigere Arbeitspreise vorgesehen werden, dann wird der früher aufgezeigte Übelstand vermieden, der bei gleichbleibendem Grundpreis und alleiniger Staffelung des Arbeitspreises im Übergangsgebiet der Arbeitspreisstaffel auftritt. Da jedoch die Auswirkungen bei diesem Tarif für den Abnehmer nicht leicht zu überblicken sind, wird er nur selten angewendet, obwohl er einfach in der Abrechnung ist und für Abnehmer und Lieferwerk eine gerechte Lösung darstellt. Weiters kann der Leistungspreis in der Spitzenzeit anders bewertet werden, als eine evtl. Mehrleistung außerhalb der Spitzenzeit. Nachts wird das Auftreten von Spitzen meist überhaupt unberücksichtigt bleiben können. Der Arbeitspreis kann auch für Tag- und Nachtstrom verschieden angesetzt werden.

In den übrigen Staaten der Welt herrscht im allgemeinen, bis auf wenige Ausnahmen, eine arge Mannigfaltigkeit in den Tarifen. Die Unübersichtlichkeit ist nicht nur für Kleinabnehmer und Großverbraucher, sondern auch für Fachleute sehr störend. Das Bestreben nach Vereinheitlichung der Tarife ist daher in allen Ländern vorhanden, doch konnte man sich nirgends zu einer so klaren Regelung wie in Deutschland durchringen. Lediglich in Irland besteht auch eine gewisse Einheitlichkeit, da dort ein zentrales Amt die Tarife bestimmt und hauptsächlich den Grundpreistarif vorschreibt. In England hat der Staat schon frühzeitig Einfluß auf die Tarifbildung genommen, wobei allerdings der Zählertarif mit vielfachen Abstufungen und Abarten gewählt wurde. Im übrigen hängt es bei der Tarifwahl der einzelnen Länder stark davon ab, ob Wasserkraft- oder Wärmekraftstrom vorherrscht. Bei den Ländern mit fast 100%iger Wasserkrafterzeugung wie der Schweiz, Norwegen, Italien, findet man noch immer den Pauschaltarif, allerdings mit zahlreichen Abstufungen und z. B. Strombegrenzern in Norwegen. Der Pauschaltarif weicht aber allmählich dem Grundpreis- und Regelverbrauchstarif. So gibt es auch Länder mit großer Wasserkrafterzeugung, die keinen Pauschaltarif mehr anwenden, z. B. Schweden, das vorwiegend Grundpreis- und Regelverbrauchstarife gebraucht. Dort, wo die Wärmestromerzeugung vorherrscht, wie z. B. in Belgien und England kommt der Pauschaltarif überhaupt nicht vor. Einfache Zählertarife überwiegen in weniger stark elektrifizierten Ländern wie z. B. in Ungarn, Dänemark, Finnland, Spanien, Rumänien, der Türkei und Ägypten. In Frankreich führt man in der letzten Zeit allmählich für Großabnehmer den Grundpreistarif ein. Die Vereinigten Staaten sind das Land der Blocktarife, gehen in letzter Zeit jedoch auch bereits langsam auf den Grundpreistarif über. Kanada hat fast ausschließlich Grundpreistarife.

V. Ausgestaltung der Elektrizitätslieferungsverträge.

Rechtslage der öffentlichen Elektrizitätsversorgung gegenüber den Klein- und Großabnehmern, die monopolartige Stellung der EVU., reichseinheitliche „Allgemeine Bedingungen für die Versorgung mit elektrischer Arbeit aus dem Niederspannungsnetz der EVU." (Kleinabnehmerbedingungen), Stellung der Großabnehmer und Stromwiederverkäufer zum EVU., Muster für Sonderabnehmerverträge und allgemeine Bedingungen hierzu, Reserve- und Zusatzstromlieferung, Vertrauen zwischen Abnehmer und EVU.

Bevor über die Ausgestaltung der Elektrizitätslieferungsverträge gesprochen werden kann, muß kurz die grundsätzliche Rechtslage der Elektrizitätsversorgung aufgezeigt werden.

Es wird vielfach behauptet, daß die Elektrizitätsversorgung sich im Laufe der Jahre immer mehr zu einer monopolartigen Stellung der Elektrizitätsversorgungsunternehmungen (EVU) den Abnehmern gegenüber entwickelt habe, was sich aus dem Umstand ergeben hat, daß die ungewöhnlich hohe Kapitalintensität eine Konkurrenzierung ausschließt, d. h. zwei Unternehmungen im gleichen Gebiet von vornherein zum wirtschaftlichen Untergang verurteilen würde. Außerdem müsse ein EVU fremde Grundstücke und auch öffentliche Wege benutzen dürfen. Da die öffentlichen Wege in öffentlicher Verwaltung stehen, müßten die EVU Verträge mit den Verwaltungsstellen schließen, in denen ihnen das Recht der Führung von Leitungen auf öffentlichen Wegen mit Ausschließlichkeit eingeräumt wird, wogegen sie sich verpflichten müßten, bestimmte Gebiete mit elektrischer Energie zu versorgen (Konzessionsverträge). Mit diesen Verträgen sei jeder freie Wettbewerb ausgeschaltet.

Bei Großabnehmern kann trotzdem mit Rücksicht auf die Konkurrenz mit der Eigenerzeugung keinesfalls von einem Monopol gesprochen werden. Die Kleinabnehmer, die sich den Strom nciht selbst erzeugen können und auf ein bestimmtes Lieferwerk angewiesen sind, werden durch den Anschlußzwang vor den Auswirkungen eines Elektrizitätsmonopoles geschützt. § 6, Abs. 1 des Energiewirtschaftsgesetzes vom 13. Dezember 1935 schreibt nämlich vor, daß ein EVU, das ein bestimmtes Gebiet versorgt, verpflichtet ist, allgemeine Bedingungen und allgemeine Tarifpreise öffentlich bekanntzugeben und zu diesen Bedingungen und Tarifpreisen jedermann an das Versorgungsgebiet anzuschließen und zu versorgen (allgemeine Anschluß- und Versorgungspflicht). Nach einer Anordnung des Generalinspektors für Wasser und Energie und des Reichskommissars für die Preisbildung vom 27. Januar 1942 wurden reichseinheitlich ,,Allgemeine Bedingungen für die Versorgung mit elektrischer Arbeit aus dem Niederspannungsnetz der EVU" vorgeschrieben, die ab 1. April 1942 für alle EVU des Reiches verbindlich sind. Diese allgemeinen Bedingungen enthalten Bestimmungen über Gegenstand, Art und Umfang der Versorgung, ob die Lieferung mit Gleich- oder Wechselstrom und mit welcher Spannung und Periodenzahl sie erfolgt, über den Vertragsschluß und die Verpflichtungen des Abnehmers, über den zu den Betriebsanlagen des EVU gehörigen Hausanschluß, dessen Herstellung und Unterhaltung, über die Installationen im Haus des Abnehmers und über Zähler, die grundsätzlich im Eigentum der EVU bleiben, sowie über die Messung der elektrischen Arbeit. Weiters wird ausgesprochen, daß der Abnehmer nicht befugt ist, Strom an Dritte zu verkaufen und wird diesem eine Beschränkung in der Hinsicht aufgetragen, daß ein Leistungsfaktor von 0,8 nicht unterschritten werden darf. Bestimmungen über Rechnungslegung, Bezahlung und Beendigung der Versorgung beschließen die allgemeinen Bedingungen. Dies gilt jedoch nur für die Kleinabnehmer, die Strom für den Haushalt, gewerbliche und landwirtschaftliche Betriebe benötigen. Für diese Abnehmergruppen ist die Versorgung zu einheitlichen Bedingungen auch ohne weiteres möglich. Bei Großabnehmern sind die Anschlußverhältnisse untereinander unterschiedlich und ganz anders als bei Kleinabnehmern, so daß andere Bedingungen als bei Kleinabnehmern notwendig sind und Einzelverträge abgeschlossen werden müssen, die sich wohl stark ähneln, nicht aber vollständig gleich sein können.

Praktisch genommen werden daher heute alle Kleinabnehmer reichseinheitlich zu den gleichen Bedingungen mit elektrischer Energie beliefert, wobei auch die gleiche Tarifart, der Grundpreistarif, angewendet wird. Daß sich „allgemeine Tarifpreise" immer nur auf bestimmte gleichartige Abnehmergruppen beziehen können, geht aus dem bisher Gesagten eindeutig hervor. Die Tarifpreise sind weiter bei verschiedenen EVU,, auch für die gleichen Abnehmergruppen, noch nicht einheitlich, weil verschieden hohe Grundpreise und abweichende Kleinstabnehmeransätze angewendet werden. Die Arbeitspreise sind durch die reichseinheitliche Vorschreibung von maximalen Ansätzen fast vollständig ausgeglichen, da vorwiegend diese Maximalsätze Verwendung finden. Verschieden behandelt werden die Kleinabnehmer auch noch dadurch, daß für die Herstellung von Hausanschlüssen in verschiedenen EVU verschiedene Baukostenzuschüsse eingehoben werden und daß die Anschluß- und Inbetriebsetzungsgebühren nicht gleich sind. Diese Nebengebühren müssen jedoch als „Anlagen zu den allgemeinen Bedingungen für die Versorgung mit elektrischer Arbeit" vom Reichskommissar für die Preisbildung genehmigt werden, so daß eine gewisse Einheitlichkeit gewährleistet wird.

Da für Großabnehmer die allgemeinen Bedingungen nicht gelten, besteht für sie auch keine allgemeine Anschluß- und Versorgungspflicht. Aber auch für Nichtselbstverbraucher, also z. B. für alle Stromwiederverkäufer, ist keine allgemeine Anschluß- und Versorgungspflicht der EVU gegeben, da die „Allgemeinen Bedingungen" immer nur für den Selbstverbraucher gelten. Für diese Abnehmergruppen sind daher die EVU nicht verpflichtet, allgemeine Bedingungen herauszugeben und zu veröffentlichen.

Es hat sich aber herausgestellt, daß es doch möglich ist, bei Großabnehmern Gemeinsamkeiten in den Versorgungsverhältnissen festzustellen, so daß eine einheitliche Regelung vieler Bedingungen erfolgen kann. Es können daher auch allgemeine Bedingungen für die Versorgung von Großabnehmern aufgestellt werden, die sich den für die Kleinabnehmer geltenden Bestimmungen anlehnen und die sich den durch die großen Leistungen, Strommengen und individuellen Versorgungseinrichtungen gegebenen geänderten Verhältnissen entsprechend anpassen.

Ohne daß die EVU verpflichtet wären, solche Bedingungen für Großabnehmer herauszugeben, haben doch die meisten großen Unternehmungen, die solche Großabnehmer beliefern, „Allgemeine Bedingungen für die Versorgung von Sonderabnehmern mit elektrischer Arbeit" aufgestellt, die als integrierender Bestandteil den Stromlieferungsverträgen angeschlossen werden. Für die Sonderabnehmerverträge selbst und für diese allgemeinen Bedingungen hat die Wirtschaftsgruppe Elektrizitätsversorgung ein Muster verfaßt, das in vorbildlicher Weise alle Bestimmungen, die notwendig sind, um zwischen Großabnehmer und Lieferwerke klare Verhältnisse zu schaffen, einfach und übersichtlich formuliert.

Da „die allgemeinen Bedingungen für die Versorgung mit elektrischer Arbeit aus dem Niederspannungsnetz der EVU" reichseinheitlich vorgeschrieben sind, sind diese ohnehin jedermann zugänglich und brauchen hier nicht wiederholt zu werden. Das Muster für die Sonderverträge der Wirtschaftsgruppe Elektrizitätsversorgung und das Muster der zugehörigen allgemeinen Bedingungen, die den EVU zur Annahme empfohlen sind, sollen im folgenden wörtlich wiedergegeben werden, damit es jedem Großabnehmer möglich ist, im Bedarfsfalle zu vergleichen, ob die ihm angebotenen Bedingungen diesen Richtlinien entsprechen.

„Muster für Sonderabnehmerverträge.

Zwischen

.... in ....

(in der Folge „Abnehmer" genannt)

und

.... in ....

(in der Folge „EVU" genannt)

ist folgender

V e r t r a g

abgeschlossen worden.

§ 1. Zweck, Art und Umfang der Versorgung.

1. Die Versorgung mit elektrischer Arbeit erfolgt für .... (Kennzeichnung der Anlage) des Abnehmers in .... (Angabe des Ortes und Grundstückes).

2. Das EVU stellt für den Abnehmer eine Leistung bis zu .... kVA bereit. Die Stromart ist .... strom mit einer Spannung von etwa .... Volt und einer Frequenz von etwa .... Per/s. Das EVU kann Stromart

und/oder Spannung ändern, falls es dies aus wirtschaftlichen oder technischen Gründen für notwendig hält, wobei die Verteilung der Kosten für die Anpassung der Anschlußanlage und der Anlage des Abnehmers besonderer Regelung vorbehalten bleibt.

3. Soll die nach 2. bereitzustellende Leistung erhöht werden, so muß der Abnehmer dies dem EVU so früh wie möglich schriftlich anzeigen. Das EVU ist bereit, die erhöhte Leistung innerhalb einer angemessenen Frist zu einem zu vereinbarenden Zeitpunkt zur Verfügung zu stellen, sofern es hierzu in der Lage ist und der Abnehmer den gemäß § 2, Absatz 3) sich ergebenden zusätzlichen Anschlußpreis zahlt. In diesem Falle erhöht sich die nach § 3, Absatz 6 mindestens zu bezahlende Leistung entsprechend. Die Vertragsdauer wird gegebenenfalls so weit verlängert, daß sie vom Zeitpunkt der Bereitstellung der erhöhten Leistung an mindestens noch .... Jahre beträgt.

4. Überschreitet die Monatshöchstleistung dreimal innerhalb von zwölf Monaten die nach 2. bereitzustellende Leistung, so kann das EVU verlangen, daß die bereitzustellende Leistung auf den Mittelwert der drei höchsten Überschreitungen erhöht wird.

§ 2. Anschlußanlage, Meßeinrichtungen, Anschlußpreis.

1. Die Anschlußanlage des EVU endigt .... z. B. hinter den Abspannketten (bei Freileitungen), hinter dem Kabelendverschluß (bei Kabeln) auf dem Grundstück des Abnehmers .... (möglichst genaue Bezeichnung etwa nach Kataster oder Grundbuch).

2. Die Meßeinrichtungen werden auf der .... Volt-Seite .... (Angabe der Stelle: z. B. in der Anlage des Abnehmers zwischen Umspanner und Ölschalter) eingebaut.

3. Der vom Abnehmer zu zahlende Anschlußpreis, ermittelt nach den Richtlinien für die Berechnung der Anschlußpreise, beträgt .... RM.

Wird die bereitzustellende Leistung nach § 1, Absatz 3 erhöht und werden hierfür Änderungen der Anschlußanlage vorgenommen, so ist ein entsprechender zusätzlicher Anschlußpreis zu zahlen.

§ 3. Vergütung.

1. Die Vergütung setzt sich zusammen aus
    a) einem Jahresgrundpreis für die Bereitstellung der Leistung und
    b) einem Arbeitspreis für die abgenommene elektrische Arbeit.

2. Der Jahresgrundpreis beträgt für jedes angefangene kVA der Jahreshöchstleistung

    für die ersten   .... kVA zusammen   .... RM
    für die nächsten .... kVA   .... RM/kVA

für alle weiteren kVA der Jahreshöchstleistung ...... RM/kVA. Als Jahreshöchstleistung gilt der Mittelwert der drei höchsten Monatshöchstleistungen des Abrechnungsjahres. Als Monatshöchstleistung gilt die höchste innerhalb eines Kalendermonats während einer Dauer von 15 Minuten gemessene Leistung.

Bei den Monatsabrechnungen werden Vorauszahlungen auf den Jahres-Grundpreis berechnet, so daß am Ende jedes Monats für das laufende Abrechnungsjahr ein Gesamtbetrag fällig ist, der sich wie folgt ermittelt: Jahresgrundpreis für ein kW/kVA geteilt durch 12, multipliziert mit der

Zahl der im Abrechnungsjahr verstrichenen Monate und ferner multipliziert mit der größeren der beiden folgenden Zahlen:
a) dem Mittelwert der im laufenden Abrechnungsjahr bis einschließlich des abzurechnenden Monats drei höchsten aufgetretenen Monatshöchstleistungen,
b) der nach 6. mindestens zu bezahlenden Leistung.
Also:

$$\frac{\text{Jahresgrundpreis je kW/kVA} \times \text{Zahl der verstrichenen Monate} \times \text{Höchstleistung oder Leistung nach 6.}}{12}$$

Auf den so errechneten Gesamtbetrag werden die im laufenden Abrechnungsjahr bereits getätigten Vorauszahlungen angerechnet. Der Rest ist nach VII, 4 der Bedingungen zu zahlen.

3. Der Arbeitspreis beträgt

für die ersten .... kWst der Jahresabnahme .... Rpf/kWst

für die nächsten.......... kWst der Jahresabnahme .... Rpf/kWst

für alle weiteren .... kWst der Jahresabnahme ....Rpf/kWst.

4. Der in Absatz 3 genannte Arbeitspreis versteht sich bei einem Preis von .... RM für 1 t .... (genaue Bezeichnung der Kohlensorte) frei Kraftwerk .... Für jeden vollen Betrag von 50 Rpf, um den sich dieser Kohlenpreis nach oben oder unten ändert, erhöht oder verringert sich der Arbeitspreis je kWst um 0,... Rpf. Als Kohlenpreis gilt der offiziell veröffentlichte Richtpreis des ....Syndikats zuzüglich Fracht und Gebühren bis zum Kraftwerk .... Tritt eine solche Änderung der Berechnungsgrundlagen ein, daß die Ausführung dieser Bestimmung unmöglich wird (z. B. infolge Fortfalls der Kohlensorte) oder zu einem unbilligen Ergebnis führt, so ist die Klausel entsprechend zu ändern.

5. Eine nach Absatz 4 eintretende Preisänderung wird erst für den folgenden Monat berücksichtigt.

6. Der Jahresgrundpreis ist mindestens für ..... vH der nach § 1 bereitgestellten Leistung zu bezahlen, auch wenn keine Leistung oder nur eine geringere Höchstleistung in Anspruch genommen worden ist.

Abwandlung zu § 3:

2. Der Jahresgrundpreis beträgt für jedes angefangene kW der Jahreshöchstleistung

für die ersten .... kW zusammen .... RM

für die nächsten .... kW .... RM/kW

für alle weiteren kW der Jahreshöchstleistung............. RM/kW.

Als Jahreshöchstleistung gilt ....

3. Der Arbeitspreis beträgt

für die ersten .... kWst der Jahresabnahme .... Rpf/kWst

für die nächsten .... kWst der Jahresabnahme............... Rpf/kWst.

für alle weiteren kWst der Jahresabnahme ....Rpf/kWst.

Übersteigt die Anzahl der in der Zeit von ..... bis ...... Uhr abgenommenen Blind-kWst 75 vH der Anzahl der in der gleichen Zeit abgenommenen Wirk-kWst, so wird ein Zuschlag erhoben, der für jede überschießende Blind-kWst ..... vH /des Arbeitspreises/ des aus dem Grundpreis und dem Arbeitspreis sich ergebenden Durchschnittspreises/ beträgt. Bleibt in der angegebenen Zeit der Blindstromverbrauch unter 75 vH des Wirkstromverbrauchs, so wird für jede an 75 vH des Wirkverbrauchs fehlende Blind-kWst ein Abschlag von ..... vH /des Arbeitspreises/ des aus dem Grundpreis und dem Arbeitspreis sich ergebenden Durchschnittspreises/ berechnet.

Oder:

Die vorstehenden Preise haben zur Voraussetzung, daß die Entnahme elektrischer Arbeit mit einem nicht ungünstigeren Leistungsfaktor als $\cos \varphi = 0,8$ erfolgt; andernfalls kann das EVU nach seiner Wahl den Einbau zusätzlicher Einrichtungen für den Ausgleich der Blindarbeit verlangen oder den Mehrverbrauch an Blindarbeit über 75 vH der Wirkarbeit in der Zeit von ...... bis ...... Uhr mit ..... Rpf je Blind-kWst in Rechnung stellen.

§ 4. Abrechnungsjahr.

Das Abrechnungsjahr läuft vom .... bis zum .... Über die Zeit vom Beginn der Versorgung bis zum Anfang des ersten vollen Abrechnungsjahres wird zeitanteilig abgerechnet. Dabei wird der Berechnung des Grundpreises an Stelle der Jahreshöchstleistung ein aus den in dieser Zeit aufgetretenen Monatshöchstleistungen entsprechend ermittelter Wert zugrunde gelegt.

§ 5. Vertragsdauer.

Dieser Vertrag tritt mit der Unterzeichnung in Kraft. Er endigt .... Jahre nach dem Beginn des Abrechnungsjahres, das auf die Inbetriebnahme der Anschlußanlage und der Anlage des Abnehmers folgt, spätestens jedoch nach dem .... 19...... . Wird er nicht ..... Monate vor Ablauf durch eingeschriebenen Brief gekündigt, so verlängert er sich jeweils um ...... Jahre.

§ 6. Gerichtsstand.

Gerichtsstand für Streitigkeiten im Zusammenhang mit diesem Vertrag ist .... (Ort).

§ 7. Sonstige Vereinbarungen.

Änderungen dieses Vertrages und zusätzliche Abmachungen gelten nur, wenn sie von beiden Seiten schriftlich anerkannt worden sind.

Mit Abschluß dieses Vertrages werden alle früheren Verträge über die Versorgung der in § 1, Absatz 1 genannten Anlage mit elektrischer Arbeit, deren Nachträge und alle darauf bezüglichen zusätzlichen Abmachungen zwischen dem Abnehmer und dem EVU aufgehoben.

§ 8. Ausfertigung.

Jeder Vertragsteil erhält eine Ausfertigung dieses Vertrages.

§ 9. Allgemeine Bedingungen.

Im übrigen gelten die beigefügten „Bedingungen für die Versorgung von Sonderabnehmern", die einen wesentlichen Bestandteil des Vertrages bilden..

Allgemeine Bedingungen für die Versorgung von Sonderabnehmern mit elektrischer Arbeit.

I. Bereitstellungs- und Versorgungspflicht des EVU.

Das EVU stellt dem Abnehmer elektrische Leistung im vereinbarten Umfang an der Übergabestelle für die Dauer des Vertrages bereit und gewährt ihm dauernd die Möglichkeit, elektrische Arbeit im Rahmen dieser Leistung zu gebrauchen.

II. Verpflichtungen des Abnehmers.

1. Der Abnehmer verpflichtet sich, für die Dauer des Vertrages im Rahmen der nach § 1 des Vertrages bereitzustellenden Leistung elektrische Arbeit des EVU zu gebrauchen.

2. Der Abnehmer wird für seinen Betrieb erforderliche elektrische und mechanische Arbeit während der Dauer des Vertrages weder selbst erzeugen noch von dritter Seite beziehen, soweit die nach § 1 des Vertrages bereitzustellende Leistung ausreicht oder das EVU zu einer Erhöhung bereit ist. Andernfalls steht dem EVU ein Anspruch mindestens in Höhe desjenigen Betrages zu, der für die anderweitig bezogene oder erzeugte elektrische oder mechanische Arbeit beim Bezug vom EVU nach dem Vertrag an das EVU zu zahlen gewesen wäre.

3. Der Abnehmer gestattet, falls er zugleich Grundstückseigentümer ist, ohne besonderes Entgelt die Zu- und Fortleitung elektrischer Arbeit über seine Grundstücke, sowie die Anbringung und Aufstellung von Leitungen, Leitungsträgern und Zubehör für die Zwecke der örtlichen Versorgung. Er räumt dem EVU auf Wunsch die zur Sicherung dieser Anlagen erforderlichen Dienstbarkeiten ein und sagt zu, an den vom EVU erstellten Einrichtungen, soweit sie nicht zur Anlage des Abnehmers (Ziffer IV) gehören, kein Eigentumsrecht geltend zu machen, sie nach Wahl des EVU nach Ablauf des Vertrages und Aufhören des Strombezuges noch 10 Jahre zu belassen oder ihre Entfernung zu gestatten und diese sämtlichen Verpflichtungen auf seinen Rechtsnachfolger zu übertragen.

Dies gilt auch für Einrichtungen des EVU, die in der Anlage des Abnehmers untergebracht werden, soweit der Betrieb und die Anlage des Abnehmers es gestatten. Ist der Abnehmer nicht zugleich Grundstückseigentümer, so ist dessen schriftliche Zustimmung zur Herstellung der Anschlußanlage und schriftliche Anerkennung der in diesem Absatz enthaltenen Bedingungen bei Antragstellung erforderlich.

4. Ist zur Versorgung des Abnehmers nach Ansicht des EVU die Aufstellung einer Transformatoren- oder Schaltanlage vor der Übergabestelle (vom EVU aus gesehen) notwendig, so ist der Abnehmer verpflichtet, dem EVU einen nach dessen Dafürhalten nach Lage, Größe und Einrichtung geeigneten Raum kostenfrei zu erstellen und für die Dauer des Vertrages zur Verfügung zu halten. Der Abnehmer gestattet dem EVU die Benutzung der Anlage (einschl. des Raumes) für die Versorgung anderer Abnehmer, soweit es ohne Beeinträchtigung seiner eigenen Versorgung möglich ist. Auf Wunsch des EVU ist der Raum im Rahmen des Zumutbaren so zu gestalten, daß er der öffentlichen Versorgung dienstbar gemacht werden kann (z. B. durch Aufstellung eines weiteren Transformators). Soweit hierdurch Mehrkosten entstehen, hat sie das EVU zu ersetzen.

5. Der Abnehmer übernimmt es, das EVU unverzüglich zu benachrichtigen, falls er Unregelmäßigkeiten oder Störungen in seiner Anlage oder in der Anlage des EVU wahrnimmt.

III. Anschluß des EVU und Übergabestelle.

1. Das EVU errichtet und unterhält auf seine Kosten die Anschlußanlage (Leitung mit Zubehör, mit Ausnahme der Meßeinrichtungen, für die besondere Bestimmungen gelten) von seinem Netz bis zu dem im Vertrag festgelegten Endpunkt. Bauarbeiten führt der Abnehmer auf seine Kosten nach Weisung des EVU aus. Der Abnehmer zahlt, bevor das EVU die Errichtung der Anschlußanlage in Angriff nimmt, einen Anschlußpreis, dessen Höhe im Vertrag festgelegt ist.

2. Als Übergabestelle gilt der Endpunkt der Anschlußanlage des EVU.

3. Die vom EVU auf dem Grundstück des Abnehmers untergebrachten Gegenstände werden nur für die Dauer des Vertrages und für die in Ziffer II, Absatz 3 vorgesehene Zeit nach seinem Ablauf eingebaut und bleiben im Eigentum des EVU, das sie jederzeit auswechseln oder, soweit sie für die Vertragserfüllung nicht benötigt werden, entfernen kann.

IV. Anlage des Abnehmers.

1. Die ordnungsmäßige Beschaffung, Unterhaltung, Erweiterung und Abänderung der elektrischen Einrichtungen von der Übergabestelle ab mit Ausnahme der dem EVU gehörenden Meßeinrichtungen liegt dem Abnehmer ob.

2. Für Ausführung und Unterhaltung der Anlage sind die Vorschriften des Verbandes Deutscher Elektrotechniker (VDE) und die besonderen Vorschriften des EVU maßgebend. Es dürfen nur Materialien und Geräte Verwendung finden, die diesen Vorschriften entsprechen. Das VDE-Zeichen auf einem Gegenstand bekundet, daß dieser Typ auf seine Vorschriftsmäßigkeit und Ungefährlichkeit von der Prüfstelle des VDE geprüft ist.

3. Die Verbindung der Anlage des Abnehmers mit dem Leitungsnetz und ihre Inbetriebsetzung erfolgt ausschließlich durch Beauftragte des EVU. Das EVU kann die Anlage vor Inbetriebsetzung prüfen.

4. Die Anlage des Abnehmers ist mit Rücksicht auf die öffentliche Elektrizitätsversorgung so zu gestalten und zu betreiben, daß Störungen in der Versorgung anderer Abnehmer oder in den Anlagen des EVU ausgeschlossen sind. Allen Aufforderungen des EVU, die sich hierauf beziehen, ist unverzüglich zu entsprechen; insbesondere kann das EVU Schutzvorkehrungen gegen störende Beeinflussung seines Netzes (z. B. durch unzulässig hohe Stromstöße, Frequenzüberlagerungen, unzulässig hohen Blindstrom usw.) und gegen Kurzschlußströme verlangen.

5. Das EVU hat aus Betriebgründen das Recht, die Anlage des Abnehmers jederzeit nachzuprüfen und die Abstellung etwaiger Mängel zu verlangen. Den mit einem Ausweis versehenen Beauftragten des EVU ist der Zutritt zu den betreffenden Räumlichkeiten gestattet. Für Grundstücke, Gebäude und Räume, die Anschluß- oder Meßeinrichtungen enthalten, steht dem EVU je ein Schlüssel und seinen Beauftragten die uneingeschränkte Befugnis des Zutritts zu jeder Zeit zu.

6. Werden bei einer Prüfung wesentliche Mängel festgestellt, so ist das EVU bis zu deren Beseitigung nicht zum Anschluß oder zur Versorgung der Anlage mit elektrischer Arbeit verpflichtet.

7. Durch Vornahme oder Unterlassung der Prüfung der Anlage und ihrer Planung sowie durch ihren Anschluß an das Leitungsnetz und die Versorgung mit elektrischer Arbeit übernimmt das EVU keinerlei Haftung.

8. Der Abnehmer ist berechtigt, Ausführung und Unterhaltung seiner Anlage entweder, falls das EVU hierzu bereit ist, durch dieses oder durch jeden hierfür vom EVU zugelassenen Unternehmer vornehmen zu lassen

oder sie selbst zu übernehmen, falls er das Vorhandensein eines geeigneten Fachmannes als verantwortlichen Leiter der Arbeiten dartut. Hierfür genügt es, bei an das Niederspannungsnetz angeschlossenen Anlagen, wenn der Fachmann den „Grundsätzen für die Zulassung von Elektro-Installateuren zur Ausführung von Anschlußanlagen an Elektrizitätswerke" entspricht.

Die Planung der Anlage muß vor Vergebung des Auftrages oder bei Selbstausführung vor Inangriffnahme vom EVU genehmigt sein. Das EVU kann die Ausführung der Anlagen überwachen.

Für wesentliche Erweiterungen und Abänderungen bestehender Anlagen ist rechtzeitig das Einverständnis des EVU einzuholen.

V. Messung.

1. Die beanspruchte Leistung und die abgenommene elektrische Arbeit werden mit den durch die vereinbarte Berechnungsweise bedingten Meßeinrichtungen festgestellt, deren Größe, Art und Aufstellungsort das EVU bestimmt. Das EVU kann jederzeit Ablesungen vornehmen. Der Abnehmer hat das Recht, selbst oder durch einen Vertreter daran teilzunehmen.

2. Die erforderlichen Meßeinrichtungen, die dem EVU gehören, werden von ihm auf seine Kosten beschafft und unterhalten. Sie sind Zubehör der Anlage des EVU. Der Einbau und die Veränderungen der Meßeinrichtungen erfolgt auf Kosten des Abnehmers. Der Abnehmer ist berechtigt und auf Wunsch des EVU verpflichtet, auf seine Kosten einen Satz eigener Meßeinrichtungen einzubauen, die gleicher Größe, Art und Herkunft wie die dem EVU gehörenden Meßeinrichtungen (einschließlich etwa notwendiger Meßwandler) sein müssen.

3. Jeder Vertragsteil kann jederzeit schriftlich eine amtliche Nachprüfung der Meßeinrichtungen durch das zuständige Prüfamt fordern. Ergibt die Prüfung keine über die gesetzlichen Verkehrsfehlergrenzen hinausgehende Abweichung, so trägt der Antragsteller, im anderen Fall der Eigentümer der Meßeinrichtung die Kosten der Prüfung.

4. Sind zwei gleichwertige Meßeinrichtungen vorhanden, so sollen die entsprechenden Angaben um nicht mehr als 5 vH — bezogen auf den kleineren Wert — voneinander abweichen; dies gilt nur für eine Belastung der Meßeinrichtungen zwischen 5 und 100 vH der Nennlast. Für Meßeinrichtungen, deren Angaben von Uhren abhängen, gilt das nur unter der Voraussetzung, daß die einander entsprechenden Meßeinrichtungen von einer gemeinsamen Uhr gesteuert werden. Bei größeren Abweichungen sind die Einrichtungen nachzuprüfen, instandzusetzen und neu einzustellen, und zwar zuerst die Einrichtung mit dem mutmaßlich größeren Fehler. Die Kosten der Prüfung trägt der Vertragsteil, dessen Meßeinrichtungen den größten Fehler hatten.

5. Zur Sicherstellung einer möglichst zuverlässigen Messung übernimmt es der Abnehmer, Störungen oder Beschädigungen der Meßeinrichtungen dem EVU mitzuteilen.

6. Kosten für die Beseitigung von Beschädigungen und infolge von Verlusten von Meßeinrichtungen trägt der Abnehmer, soweit sie nicht durch das EVU oder dessen Angestellte verursacht worden sind.

VI. Beschränkungen in der Verwendung elektrischer Arbeit.

1. Die elektrische Arbeit wird nur für die eigenen Zwecke des Abnehmers zur Verfügung gestellt; Weiterleitung elektrischer oder mechanischer Arbeit an Dritte ist grundsätzlich nicht gestattet. Abweichungen bedürfen einer besonderen schriftlichen Vereinbarung.

2. Die elektrische Arbeit darf im Umfang der nach I. bereitzustellenden

Leistung für alle Zwecke entnommen werden, soweit nichts besonderes vereinbart ist.

3. Wird elektrische Arbeit im Gegensatz zu bestehenden Abmachungen oder behördlichen Bestimmungen oder unter Umgehung, Beeinflussung oder vor Anbringung der Meßeinrichtungen entnommen, so steht dem EVU neben sonstigen Ansprüchen ein Anspruch auf eine Vertragsstrafe zu in Höhe des Betrages, der sich unter Zugrundelegung einer täglich zwölfstündigen Benutzung der nach I. bereitzustellenden Leistung seit Beginn der unberechtigten Stromentnahme ergibt. Ist der Beginn der unberechtigten Stromentnahme nicht festzustellen, so wird der Betrag nach vorstehenden Grundsätzen für ein Jahr erhoben.

VII. Abrechnung und Bezahlung.

1. Die Abrechnung wird auf Grund der Angaben der Meßeinrichtungen nach dem Vertrag vorgenommen. Im allgemeinen erfolgt sie monatlich, doch bleibt es dem EVU vorbehalten, auch in kürzeren oder längeren Zeiträumen abzurechnen. Sind zwei gleichwertige Meßeinrichtungen gleicher Größe, Art und Herkunft vorhanden, so wird der Abrechnung das arithmetische Mittel der Ablesungen zugrunde gelegt. Für Meßeinrichtungen, deren Angaben von Uhren beeinflußt werden, kann das von der Voraussetzung abhängig gemacht werden, daß die einander entsprechenden Meßeinrichtungen von einer gemeinsamen Uhr gesteuert werden.

Wird für eine Meßeinrichtung nachgewiesen, daß ihre Fehler nicht mehr innerhalb der gesetzlichen Verkehrsfehlergrenzen liegen, so werden allein die Angaben der anderen entsprechenden Einrichtung benutzt.

2. Treten bei zwei gleichwertigen Meßeinrichtungen größere Abweichungen auf als sie nach V. Abs. 4 zulässig sind, so sind für den noch nicht abgerechneten Zeitraum die Angaben der Einrichtung mit dem kleineren Fehler zu verwenden, solange dieser noch innerhalb der gesetzlichen Verkehrsfehlergenzen liegt.

Ergibt die Prüfung für beide Meßeinrichtungen Fehler außerhalb der gesetzlichen Verkehrsfehlergrenzen oder sind beide Meßeinrichtungen außer Betrieb oder ist nur eine Meßeinrichtung vorhanden, deren Fehler außerhalb der gesetzlichen Verkehrsfehlergrenzen liegt, so wird der Verbrauch des letzten, noch nicht abgerechneten Zeitraumes vom EVU nach billigem Ermessen geschätzt.

3. In den Stromrechnungen sollen die zugrunde gelegten Angaben der Meßeinrichtungen und die vertraglichen Preisansätze aufgeführt werden.

4. Die Stromrechnungen sind innerhalb vierzehn Tagen nach Eingang ohne Abzug bar zu bezahlen. Bei bargeldloser Zahlung gilt als Tag der Zahlung der Tag, an dem das EVU über den gutgeschriebenen Betrag verfügen kann. Fehler in den Stromrechnungen (s. Absatz 3) werden nach ihrer Klarstellung mit der nächstfolgenden Rechnung ausgeglichen.

5. Einwände gegen die Richtigkeit der Rechnungen sind nur innerhalb von vierzehn Tagen nach Zustellung der Rechnung zulässig, soweit nicht fehlerhafte Angaben der Meßeinrichtungen (Absatz 1 und 2) oder Berechnungsfehler (z. B. Übersehen oder unrichtige Anwendung von Zählerkonstanten usw.) nachgewiesen werden. Sie berechtigen nicht zu Zahlungsaufschub oder -verweigerung; Aufrechnung ist ausgeschlossen.

6. Ansprüche wegen unrichtiger Rechnungen können von beiden Seiten nur für das laufende und das vorangegangene Verrechnungsjahr gestellt werden.

7. Der Abnehmer wird auf Verlangen jederzeit eine Vorauszahlung in

Höhe des höchsten monatlichen Rechnungsbetrages oder eine Sicherheit bis zur doppelten Höhe des höchsten monatlichen Rechnungsbetrages leisten. Es bleibt dem Abnehmer überlassen, die Sicherheit nach seiner Wahl in bar, in mündelsicheren Wertpapieren oder durch Akzept einer sicheren Bank zu leisten. Nach einmaliger Mahnung kann sich das EVU aus der Sicherheit bezahlt machen. Kursverluste beim Verkauf von Wertpapieren gehen zu Lasten des Abnehmers; Barsicherheiten werden zum Reichsbankdiskontsatz verzinst. Die Sicherheit ist stets auf der ursprünglichen Höhe zu halten. Nach Ablauf des Vertrages erhält der Abnehmer die Sicherheit oder die Vorauszahlung zurück, wenn er sämtliche Verpflichtungen erfüllt hat.

VIII. Änderung der Wirtschaftsverhältnisse.

1. Sollten nach Vertragsabschluß erlassene Gesetze oder sonstige Regierungs- und Verwaltungsmaßnahmen die Wirkung haben, daß die Erzeugung, der Bezug, die Fortleitung, die Verteilung oder die Abgabe von Elektrizität unmittelbar oder mittelbar verteuert bzw. verbilligt wird, so erhöhen bzw. ermäßigen sich die Strompreise entsprechend und von dem Zeitpunkt ab, an dem die Verteuerung bzw. Verbilligung in Kraft tritt.

2. Ändern sich die allgemeinen wirtschaftlichen Verhältnisse gegenüber dem Zeitpunkt des Vertragsabschlusses so erheblich, daß die vereinbarten Preise oder Bedingungen für das EVU oder den Abnehmer nicht mehr zumutbar sind, so bleiben Vereinbarungen über eine Änderung der vereinbarten Preise oder Bedingungen vorbehalten.

IX. Unterbrechung der Versorgung.

1. Sollte das EVU durch Fälle höherer Gewalt oder durch sonstige Umstände, die es mit zumutbaren Mitteln nicht abwenden kann, an der Erzeugung, dem Bezug, der Fortleitung oder der Abgabe elektrischer Arbeit ganz oder teilweise verhindert sein, so ruht die Verpflichtung des EVU, bis die Hindernisse oder Störungen und deren Folgen beseitigt sind. Das EVU darf die Versorgung mit elektrischer Arbeit ferner zur Vornahme betriebsnotwendiger Arbeiten vorübergehend unterbrechen; es hat jedoch den Abnehmer vorher über den Zeitpunkt zu verständigen, es sei denn, daß Gefahr in Verzug ist.

2. Das EVU wird bemüht sein, jede Unterbrechung und Unregelmäßigkeit möglichst bald zu beheben.

3. Nachlässe und Schadenersatz werden in keinem Fall (auch nicht bei Abweichung von der festgelegten Spannung) gewährt. Legt der Abnehmer aus besonderen Gründen Wert darauf, daß die Werte in § 1, Absatz 2) des Vertrages eingehalten werden und kommt dies im Vertrage zum Ausdruck, so gelten bei Verstößen gegen § 1, Absatz 2) mangels anderweitiger Abrede die Vorschriften des BGB. unbeschränkt.

4. Das EVU kann die Versorgung fristlos zurückhalten und die Zuführung zur Anlage des Abnehmers auf dessen Kosten und Gefahr ganz oder teilweise unterbrechen, wenn der Abnehmer den Vertragsbestimmungen zuwiderhandelt. Als Zuwiderhandlung gelten insbesondere:

a) Zutrittsverweigerung gegenüber den mit Ausweis versehenen Beauftragten des EVU (Ziffer IV, Absatz 5).

b) Eigenmächtige Änderung an den bestehenden Einrichtungen entgegen dem Vertrag ohne Rücksicht auf den Urheber (Ziffer IV).

c) Beschädigung der dem EVU gehörenden Einrichtungen, z. B. Verletzung der Plomben ohne Rücksicht auf den Urheber (Ziffer VI).

d) Nichtausführung einer vom EVU geforderten Installationsänderung (Ziffer IV, Absatz 4).

e) Unbefugte Entnahme oder Verwendung elektrischer Arbeit (Ziffer VI, Absatz 3).

f) Nichtzahlung fälliger Rechnungen trotz schriftlicher Mahnung (Ziffer VII).

g) Verweigerung verlangter Sicherheitsleistungen oder Vorauszahlungen (Ziffer VII, Absatz 7).

h) Störende Einwirkung der Anlage des Abnehmers auf die Anlagen anderer Abnehmer oder des EVU (Ziffer IV, Absatz 4).

i) Gefahrdrohender Zustand der Anlagen des Abnehmers (Ziffer IV, Absatz 4).

5. Bei wiederholter oder fortgesetzter Vertragsverletzung und ferner bei jeder unbefugten Stromentnahme oder -verwendung ist das EVU zur fristlosen Kündigung des Vertrages berechtigt, die schriftlich ausgesprochen werden muß.

6. Die Wiederaufnahme der vom EVU gemäß Absatz 4 unterbrochenen Stromlieferung erfolgt nur nach völliger Beseitigung der Hindernisse und nach Erstattung der Unkosten des EVU. In jedem Falle einer vom EVU veranlaßten Unterbrechung der Zuführung ist allein das EVU berechtigt, die Verbindung mit dem Netz wieder herzustellen und damit die Anlage, wieder zur ordnungsmäßigen Entnahme elektrischer Arbeit aus dem Netz instandzusetzen.

X. Übertragung des Vertrages.

1. Falls das EVU den Abnehmer nicht mehr versorgen kann, weil es seine Erzeugungs- oder Übertragungsanlagen ganz oder teilweise veräußert oder Dritten überläßt oder weil es mit einer anderen Rechtsperson vereinigt wird oder sein Vermögen auf einen anderen überträgt, ist es berechtigt und verpflichtet, den Nachfolger in die Rechte und Pflichten dieses Vertrages eintreten zu lassen; es selbst wird von seinen Verpflichtungen aus dem Vertrag nur befreit, wenn der Nachfolger den Eintritt in diesen Vertrag schriftlich erklärt und der Abnehmer dies genehmigt. Die Verpflichtung zur Übertragung besteht nicht, wenn das Versorgungsrecht des EVU infolge Ablaufs des Vertrages mit der Gemeinde oder durch behördliche Anordnung erlischt und der Nachfolger im Versorgungsrecht den Eintritt in den Vertrag ablehnt. In diesem Falle endigt der Vertrag mit dem Erlöschen des Versorgungsrechtes.

2. Entsprechendes gilt, wenn der Abnehmer den Betrieb, auf den sich dieser Vertrag bezieht, im ganzen veräußert oder Dritten überläßt oder falls er mit einer anderen Rechtsperson vereinigt wird oder sein Vermögen auf einen anderen überträgt, soweit die Energieverhältnisse (Höhe, Ausnutzung und zeitliche Verteilung der Leistung) für die restliche Dauer des Vertrages im wesentlichen unverändert bleiben. Bezieht sich der Vertrag auf mehrere Betriebe des Abnehmers, von denen nur ein Teil veräußert oder anderen überlassen wird, so bedarf es für seine Übertragung besonderer Vereinbarung.

3. Der andere Vertragsteil darf die Genehmigung zum Eintritt des Nachfolgers in den Vertrag nicht versagen, wenn gegen dessen technische und wirtschaftliche Leistungsfähigkeit keine begründeten Bedenken bestehen.

4. Die Absätze 1—3 gelten sinngemäß auch für wiederholte Übertragung.

XI. Kosten.

Etwaige öffentlich-rechtliche Kosten des Vertrages insbesondere die Urkundensteuer tragen die Parteien zu gleichen Teilen.‘‘

Zum Schluß sei zusammenfassend festgestellt, daß die klaren und einfachen Regelungen viel dazu beigetragen haben, das seinerzeit bestandene Mißtrauen zwischen Großabnehmern und Lieferwerken zu zerstreuen. Kommt es doch heute überhaupt nicht mehr vor, daß den Großabnehmern undurchsichtige und verklausulierte Stromverträge vorgelegt werden, die früher sogar manchmal gegenüber anderen Abnehmern geheim gehalten wurden. Auf Grund dieser Sachlage sollte es auch nicht mehr vorkommen, daß sog. „Meistbegünstigungsklauseln" verlangt und eingeräumt werden, in denen sich der Abnehmer günstigste Preise sichert. Diese früher oftmals verwendete Klausel verpflichtet das Lieferwerk dem Abnehmer die billigsten Tarife zu geben, die irgend ein anderer Abnehmer erhält, der die gleichen Belastungsverhältnisse und sonstigen gleichen technischen Voraussetzungen aufzuweisen hat. Die Feststellung der gleichen Belastungsverhältnisse und der gleichen technischen Voraussetzungen hat in der Praxis vielfach zu Unstimmigkeiten geführt und den Großabnehmer dazu verleitet, das Lieferwerk in bezug auf seine Strompreisbildung mißtrauisch zu überwachen. Jedenfalls sind derartige Vereinbarungen nicht von dem notwendigen gegenseitigen Vertrauen getragen und sollen daher schon deshalb vermieden werden.

Ein eigenes Kapitel bildet die Reserve- und Zusatzstromversorgung, die hier noch behandelt werden soll.

Von Reservelieferung spricht man, wenn ein laufend durch Eigenanlagen gedeckter Energiebedarf bei Ausfall der Eigenanlagen vorübergehend aus dem öffentlichen Stromnetz befriedigt wird.

Zusatzstromversorgung wird dann vorliegen, wenn der Energiebedarf zum Teil selbst erzeugt wird, zum anderen Teil jedoch dem öffentlichen Stromnetz entnommen werden soll.

Das Energiewirtschaftsgesetz sagt nun, daß sich die Inhaber von Eigenanlagen nicht auf die allgemeine Anschluß- und Versorgungspflicht berufen können, gewährt ihnen aber einen Anspruch auf Anschluß und Versorgung, soweit dies dem Träger der öffentlichen Versorgung wirtschaftlich zugemutet werden kann. Die wirtschaftliche Zumutbarkeit wird dabei so zu untersuchen sein, daß das einzelne Geschäft für sich betrachtet wird und dieses dem EVU keinen Verlust bringen darf. Ebenso werden die Auswirkungen auf die gesamte wirtschaftliche Lage des EVU zu berücksichtigen sein. Grundsätzlich ist nach der 5. Verordnung zur Durchführung des Energiewirtschaftsgesetzes Reserveversorgung für ein EVU nur zumutbar, wenn sie den laufend durch Eigenanlagen gedeckten Bedarf für den gesamten Betrieb oder einen geschlossenen

Betriebsteil des Abnehmers umfaßt und wenn ein fester, von der jeweils gebrauchten Energiemenge unabhängiger angemessener Leistungspreis mindestens für die Dauer eines Jahres bezahlt wird. Zusatzversorgung ist nach der gleichen Verordnung für EVU grundsätzlich nur zumutbar, wenn unter der Voraussetzung, daß die für die Zusatzversorgung erforderliche Energieanlage von der Eigenanlage vollständig getrennt ist und keine Umschaltmöglichkeit besteht, der gesamte Energiebedarf für folgende Zwecke gedeckt werden soll: 1. für Haushaltzwecke, 2. für Beleuchtungszwecke außerhalb des Haushaltes, 3. für Kraftzwecke außerhalb des Haushaltes, 4. für Wärmezwecke außerhalb des Haushaltes; weiters wenn die Eigenanlage ausschließlich mit Betriebsabfällen oder mit Wasserkraft betrieben wird, oder wenn die Eigenanlage ausschließlich aus Gegendruck- oder Anzapfmaschinen mit Abdampfverwertung besteht. Dabei begründen Eigenanlagen, die ausschließlich der Sicherstellung des Energiebedarfes bei Aussetzen der öffentlichen Energieversorgung dienen, nicht den Tatbestand der Reserve- oder Zusatzversorgung. Auch wenn der Energiebedarf eines Abnehmers regelmäßig durch mehrere EVU nebeneinander gedeckt wird, ist dies nicht als Zusatzversorgung anzusehen.

Ein klagbarer Anspruch auf Anschluß und Versorgung zu Bedingungen und Preisen, die für den Abnehmer günstiger sind als die allgemeinen Bedingungen und die allgemeinen Tarifpreise besteht nicht. Für Reserve- und Zusatzstrom können diese auch ungünstiger sein, als die allgemeinen Lieferbedingungen. Es kann vorkommen, daß ein Reservestrom-Abnehmer selbst dann Gebühren wird entrichten müssen, wenn er gar keinen Strom abnimmt. Damit bezahlt er dann die Sicherheit, im Notfall auf den Reserveanschluß greifen zu können. Der Anschluß kann in solchen Fällen für den Abnehmer immer noch wirtschaftlich sein, da die Reserveanlagen und damit erhebliche Kapitalfestlegungen und dauernde Kapitalkosten erspart werden.

Abschließend kann festgestellt werden, daß die gemeinsame Arbeit aller Beteiligten, der EVU, der Abnehmer, der Wirtschaftsgruppen und der Behörden dazu geführt hat, eine so einfache und klare Regelung bei der Stromlieferung zu schaffen, wie sie in keinem anderen Land der Erde bisher erreicht wurde, so daß das gegenseitige Vertrauen heute bereits allgemein vorhanden ist, das die Voraussetzung für das gedeihliche Zusammenarbeiten zwischen Abnehmer und Lieferwerk bildet.

VI. Wirtschaftliche Untersuchungen und Verbundwirtschaft.

Vergleich zwischen Eigenerzeugung und Überlandbezug, Zusammenlegung von Versorgungsgebieten, Vorteile des Verbundbetriebes, durch den Verbundbetrieb hervorgerufene technische Probleme, Fabriksbetrieb mit Abdampfverwertung, Kraft—Wärmekupplung, Stadtfernheizkraftwerke, Ausnutzung der Wasserdarbietung, Wirtschaftlichkeit der Wärmestromversorgung, das elektrische Kochen, die elektrische Raumheizung, die elektrische Heißwasserbereitung, Elektrowärme in Gewerbe und Industrie, das elektrische Schweißen, Ratschläge für den Energieingenieur, kriegsbedingte Einschränkungen des Energieverbrauches in verschiedenen Staaten.

Die bisher angestellten Betrachtungen gestatten es nunmehr, verschiedene wirtschaftliche Untersuchungen anzustellen.

Schon anläßlich des ersten Zahlenbeispieles über die Gestehungskosten in Dampf- und Wasserkraftanlagen wurde festgestellt, daß eine Wasserkraftanlage dem Dampfkraftwerk bei hohen Benutzungsstunden wirtschaftlich überlegen ist und daß bei niedriger Benutzung die Gestehungskosten im Dampfkraftwerk niedriger sind als im Wasserkraftwerk. Dies trifft, normale Verhältnisse vorausgesetzt, fast immer zu und wird sich nur dann verschieben, wenn die Errichtungskosten des Wasserkraftwerkes ungewöhnlich hoch, jene des Dampfkraftwerkes ungewöhnlich niedrig werden.

Das Zahlenbeispiel hat auch gezeigt, daß die Wasserkraftanlage sogar der Belieferung durch ein Überlandwerk wirtschaftlich überlegen sein kann. Dies aber nur bei so hohen Benutzungsstunden, daß es in der Praxis meist nicht mehr möglich ist, die Belastungsverhältnisse der Wasserdarbietung so anzupassen, daß mit den normalen Reserven das Auslangen gefunden werden kann. Die in diesem Zahlenbeispiel angenommenen Werte sind aus der Erfahrung so gewählt, daß sie in normalen Fällen zutreffen werden. Auch bei dem Vergleich mit dem Überlandstrompreis handelt es sich um einen üblichen Mittelwert, der vielleicht nur dadurch manchmal eine Ergänzung erfahren wird, daß vom Überlandwerk noch Baukosten für die Anschlußleitungen und für eventuelle Werksvergrößerungen und Umspannanlagen verlangt werden können. Dies wurde aber auch in der Annahme dadurch berücksichtigt, daß der Strom-Anbotpreis eher etwas höher als zu niedrig angenommen wurde. Falls jedoch ein derartiger Anschlußbeitrag sichtbar berücksichtigt werden soll, dann ist im Stromangebot des Überlandwerkes der Grundpreis um die Kapitalkosten je kW für diesen Anschlußbeitrag zu erhöhen.

Wenn es nun in normalen Fällen immer möglich sein wird, daß das Überlandwerk trotz den Fortleitungskosten Strompreise anbietet, die unter den Stromgestehungskosten bei Selbsterzeugung liegen, dann wird zu untersuchen sein, warum dies der Fall ist. Die

Ursache liegt in erster Linie darin, daß das Überlandwerk in der Lage ist, Abnehmergruppen mit den verschiedensten Belastungsansprüchen als Verbraucher zu haben und daß die Überlandwerke im Verbundbetrieb stehen, der große Vorteile bringt. Dabei ist unter Verbundbetrieb der elektrische Zusammenschluß von Werken und Versorgungsgebieten verstanden.

Der Vorteil der Mischung von Abnehmern mit unterschiedlichen Belastungsansprüchen ist aus dem früher Gesagten ohne weiteres abzuleiten. Für die Höhe der Stromgestehungskosten war ja die Zentralenhöchstlast maßgeblich. Diese Zentralenhöchstlast ist bei Eigenerzeugung mit der tatsächlich auftretenden höchsten Spitze einzusetzen; denn diese Leistung muß in der Zentrale vorhanden sein, wenn sie auch nur wenige Minuten im Jahre benötigt wird. Im Überlandwerk, bei Mischung der Abnehmer mit verschiedenen Belastungsarten, werden nicht alle Abnehmergruppen gleichzeitig vom Werk die Höchstlast beanspruchen. Zur Deckung des gesamten Bedarfes verschiedenartiger Abnehmer wird daher die zur Verfügung stehende Leistung besser ausgenutzt werden, als im Falle des Einzelabnehmers. Jede Abnehmergruppe ist an den Stromgestehungskosten nur mit einem Teil ihrer Höchstlast (im Mittel erfahrungsgemäß 0,7) beteiligt, was bei der Bestimmung der leistungsabhängigen Kosten, die ja in den unteren Benutzungsstundenbereichen den Ausschlag geben, sehr stark ins Gewicht fällt.

Dabei ist aber zu bedenken, daß der Ausgleich, der bei der Zusammenlegung kleinerer Gebiete entsteht, mehr Erfolg bringen wird, als die Vereinigung großer Versorgungsgebiete. Letztere haben den Ausgleich der verschiedenen Abnehmergruppen bereits in sich durchgeführt. Die Belastungscharakteristiken der größeren Elektrizitätsversorgungsunternehmungen ähneln sich untereinander sehr stark, so daß eine Zusammenlegung großer Versorgungsgebiete derzeit keine wesentlichen Verbesserungen des Ausgleiches mehr erwarten lassen.

Der Verbundbetrieb bringt weitere Vorteile mit sich. Er ermöglicht es, daß man mit großen Werken arbeiten kann. Da die Anlagekosten der Werke je kW mit der Größe der Leistung sinken, werden die festen Kosten geringer. Auch hier ist eine obere Grenze vorhanden. Bei ganz großen Werken können durch weitere Vergrößerungen keine wesentlichen Ersparungen in den Ausbaukosten je kW mehr erzielt werden. Zwischen kleinen und großen Werken sind die Unterschiede jedoch ganz erheblich.

Ein weiterer Vorteil der Verbundwirtschaft ist die Möglichkeit, die Werke von ihren Abnehmerkreisen, die bei Einzelbetrieb die Belastung aufzwingen würden, teilweise loszulösen und so einzusetzen, daß die Grundlast mit größerer Benutzungsstundenzahl von jenen Werken übernommen wird, die die höchsten festen Leistungskosten und die niedrigsten Arbeitskosten haben. Zur Deckung der Spitzen werden dagegen solche Werke herangezogen, die niedrige Leistungskosten verursachen, wobei auch höhere Arbeitskosten bei der geringen Benutzungsdauer keine Rolle spielen. In der Praxis werden daher die Laufwasserkraftwerke stets die Grundlast übernehmen. Da bei den Spitzenkraftwerken die Arbeitskosten nicht von wesentlicher Bedeutung sind, können auch ältere Werke mit schlechteren technischen Wirkungsgraden eingesetzt werden. Diese Möglichkeit des Einsatzes der Werke bringt es mit sich, daß eine weitgehende Anpassung an die Wasserdarbietung bei Wasserkraftwerken erfolgen kann und daß dadurch die Wasserkräfte bestens ausgenützt werden können, ohne daß die Verbraucher sich nach dem Energieanfall im Werk zu richten haben. Soweit als möglich wird jedoch das Elektrizitätsversorgungsunternehmen darauf sehen, die Verbraucher dazu zu veranlassen, zu Zeiten schwacher Belastung zu arbeiten.

Durch diesen erhöhten Einsatz der Laufwasserkraftwerke ergibt sich im Verbundbetrieb eine Einsparung von Brennstoff, so daß die Arbeitskosten herabgesetzt werden.

Weiters ist selbstverständlich die Betriebssicherheit viel größer, wenn ein Überlandunternehmen in der Lage ist, bei Ausfall irgendeines Werkes ein anderes im Verbundbetrieb stehendes Werk einspringen zu lassen, als wenn bei Eigenerzeugung keine oder nur eine mangelhafte Reserve zur Verfügung steht.

Der Umstand, daß viele Werke zusammenarbeiten, bringt es auch mit sich, daß sich die Werke gegenseitig Reserve bieten. Ausgesprochene Reserven können daher verringert werden, ohne daß die Betriebssicherheit darunter leidet. Dadurch wird an Kraftwerksleistung gespart, was wieder die leistungsabhängigen Kosten gegenüber dem Einzelbetrieb herabsetzt.

Die Vorteile der unter Verbundwirtschaft verstandenen wirtschaftlichen Zusammenfassung von elektrisch gekuppelten Kraftwerken und Versorgungsgebieten sind daher:

A. Die Möglichkeit des Einsatzes wirtschaftlich arbeitender Großwerke.

B. Aufteilungsmöglichkeit der Leistung auf Grundlast- und Spitzenkraftwerke und dadurch

1. bessere Wasserkraftnutzung,
2. Brennstoffeinsparung,
3. höhere Betriebssicherheit,
4. Einsparung an Kraftwerksleistungen.

So ist es erklärlich, daß schon in der Einleitung des Energiewirtschaftsgesetzes „ein zweckmäßiger Ausgleich durch Förderung der Verbundwirtschaft" verlangt wird.

Mit diesen, aus den früher erbrachten Beispielen abgeleiteten Gründen erscheint der Nachweis erbracht, daß unter normalen Umständen ein Überlandanschluß einer Eigenerzeugung wirtschaftlich und technisch überlegen sein wird.

Zur Frage der Verbundwirtschaft sei noch hinzugefügt, daß die Energieübertragung dabei nicht über unverhältnismäßig lange Strecken durchgeführt werden darf. Es muß beachtet werden, daß nicht die Übertragungskosten die anderen Vorteile aufheben. Die Fernleitung kann um so länger sein, je größer die übertragenen Leistungen sind und je größer die Benutzungsdauer ist. Fernleitungslänge, übertragene Leistung und Benutzungsdauer müssen in einem richtigen Verhältnis stehen Niedrige Benutzungsstunden vertragen weder weite Energieübertragung, noch weite Beförderung billiger Brennstoffe (z. B. Braunkohle). Diese Erkenntnis hat dazu geführt, daß man die Braunkohlenzentralen direkt an den Gewinnungsstätten der Kohle errichtet hat, wobei sich der billige Brennstoffpreis gegenüber den Anlagekosten für die Fernleitung leichter durchsetzt. Die hochwertige Steinkohle befördert man dagegen ohne weiteres mit der Bahn oder Schiff auf weite Strecken. Bei Braunkohle kommt dies nur dann in Betracht, wenn die Benutzungsdauer sehr groß ist. In der Verbundwirtschaft wird das auf der Grube sitzende Braunkohlenwerk die Grundlast zu übernehmen haben, wogegen Steinkohlenwerke mit niedrigen Anlagekosten die Spitzen abdecken werden.

Abschließend sei noch auf die technischen Probleme hingewiesen, die sich durch die Verbundwirtschaft ergeben. Es sei gleich vorweggenommen, daß überhaupt nur ein einwandfreier Verbundbetrieb möglich ist, wenn die Lenkung in einer Hand ist, alle Sonderinteressen von vornherein ausgeschaltet und nur immer die Erfordernisse des Gesamtbetriebes im Auge behalten werden. Die Leitung muß die Leistung von einer Zentralstelle aus regeln und auf die einzelnen Kraftwerke aufteilen, sowie dafür sorgen, daß die Frequenzhaltung, die sich meist nicht einfach gestaltet, richtig erfolgt. Zur Frequenzhaltung werden gewöhnlich große Spitzenkraftwerke bestimmt, wobei die Drehzahlregler untereinander gut angepaßt werden müssen. Eine nicht zu unterschätzende Schwierigkeit ergibt sich im Verbundbetrieb auch durch das Auftreten des Blindstromes, so daß die Fragen der Blindstromkompensation mit Phasenschiebern, Kondensatoren oder kompensierten Motoren an Bedeutung gewinnen. Jedenfalls stellen die

Frequenzhaltung und die Blindstromkompensation im Verbundbetrieb den Technikern vielfach noch schwer einwandfrei lösbare
Aufgaben.

Anders liegen die Verhältnisse, wenn eine Fabriksanlage errichtet werden soll, in der Heizdampf zu Betriebszwecken gebraucht wird.

Dieser Dampf kann vor der Verwendung in der Fabrik durch
Dampfturbinen geleitet werden, die elektrische Generatoren antreiben. In diesem Fall belastet die Dampferzeugung nicht die
Stromgestehungskosten, sondern werden lediglich die in der Dampfturbine auftretenden Dampfverluste die Höhe der Brennstoffkosten
für die Stromgewinnung bestimmen. Bei den festen Kosten für die
Energieerzeugung kommen nur die Turbinenanlagen voll in Ansatz,
da die Kesselanlagen in erster Linie für die Dampferzeugung zu
Fabrikationszwecken angeschafft wurden und nur ein kleiner Er-
richtungskostenanteil auf den Elektrobetrieb entfällt. Die Stromgestehungskosten werden daher in solchen Fällen, in denen die
elektrische Energie sozusagen als Abfallprodukt gewonnen wird,
meist so niedrig, daß mit derartigen Betrieben keine andere Stromerzeugungsanlage konkurrieren kann.

Der gleiche Grundgedanke der Abdampfverwertung bzw.
die gleichzeitige Gewinnung von Wärme und elektrischer Energie
hat in den letzten Jahren zum Bau von Fernheizkraftwerken
geführt, die im elektrischen Verbundbetrieb arbeiten und sich
ganz vorzüglich bewährt haben. In Großstädten mit dicht be-
siedelten Gebieten, wo sich nicht zu weit voneinander große
Büros und Geschäftsgebäude, Bäder, Krankenhäuser, Schulen,
Hotels befinden, die großen Wärmebedarf haben und schon für
eine Sammelheizung eingerichtet sind, wurden solche Fernheizkraftwerke zur zentralen Wärmeerzeugung errichtet, die die vorgenannten Gebäude mit Dampf oder Heißwasser beliefern und
den erzeugten Strom im Verbundbetrieb verwerten lassen. Fabriken mit Dampfbedarf wurden dabei vorteilhaft mitversorgt.
Diese Fernheizkraftwerke liefern für einen Umkreis von mehreren
km um das Werk den gesamten Wärmebedarf für Raumheizung,
Warmwasserbereitung und für Fabrikationszwecke. Sie arbeiten
fast ausnahmslos mit Höchstdrücken von 80—125 atü für die
Stromerzeugung, der auf den für die Wärmeverteilung notwendigen niedrigen Gegendruck von 3—9 atü, je nach dem Versorgungsgebiet, herabgesetzt wird.

Voraussetzung für die Wirtschaftlichkeit derartiger Anlagen ist
das Vorhandensein einer genügend großen „Wärmedichte", d. h.
daß die mit Wärme zu beliefernden Objekte nicht zu weit ausein-

ander liegen und daß sie an sich einen genügend großen Wärmebedarf haben. Dies trifft in erster Linie für Großstädte zu, daher auch der vielfach gebräuchliche Name „Städteheizkraftwerk". Man rechnet überschlägig mit einer notwendigen stündlichen Mindestwärmedichte von 40—50 Millionen kcal/km², wobei der Wärmebedarf bei Vorausschätzungen für Wohnhäuserraumheizung mit 25—30 kcal. je m³ umbauten Raum und Stunde angenommen werden kann. Der Wärmebedarf für die Raumheizung bei Sammelheizungsanlagen und Fabriksbetrieben wird sich in ungefähr der gleichen Größenordnung bewegen. Etwa notwendiger Heizdampf für Warmwasserbereitung und der Arbeitsdampfbedarf in Fabriken muß für jeden einzelnen Fall getrennt bestimmt werden, da hierfür naturgemäß keine allgemeinen Schätzungen möglich sind. Wenn Industriebetriebe mitbeliefert werden sollen, dann wird meist Dampf als Wärmeträger verwendet, weil er in diesem Aggregatzustand für Fabrikationszwecke benötigt wird. Auch die Dampfspannung wird sich hierbei nach den Erfordernissen dieser Abnehmer richten müssen. Ist nur der Wärmebedarf für Raumheizung und Warmwasserbereitung zu decken, dann kann für eine ganz beiläufige Vorausschätzung des notwendigen Gegendruckes als Faustformel angenommen werden, daß dieser in atü ungefähr gleich ist der dreifachen Entfernung in km zwischen Werk und entferntestem Abnehmer. Warm- bzw. Heißwasser als Wärmeträger wird dann zu wählen sein, wenn auf nicht zu große Entfernungen viele kleine Abnehmer zu versorgen sind, da bei Wasserübertragung die Verteilung und die Umformung beim Abnehmer einfacher und billiger als bei Dampfübertragung herzustellen ist und leicht eine Speicherung und Wärmeregelung erfolgen kann.

Die üblichen Verkaufspreise für Wärme werden für Großabnehmer, so wie bei der elektrischen Energie, niedriger sein als für Kleinabnehmer. Sie werden sich den Gestehungskosten anpassen müssen, was die Anwendung verschiedener Tarifarten zur Folge hat, die den Stromverkaufspreisen ähnlich aufgebaut sind. Als beiläufiger Schätzwert kann angenommen werden, daß je Tonne Dampf im Mittel 5,— RM oder je 1 Million kcal im Mittel 10,— RM verlangt werden. Wegen der verhältnismäßig hohen Anschaffungskosten der Wärmemeßgeräte wird auch manchmal für Kleinabnehmer ein Raumheizpauschale von im Mittel 1—2,— RM je m³ zu beheizenden Raumes und Heizperiode verrechnet.

Die volkswirtschaftlichen Vorteile der Fernheizkraftwerke sind groß, da in der Gesamtheit der Kohlenverbrauch wesentlich geringer wird als bei Einzelheizung. Kohlenersparnisse bis zu 25% sind in vielen Fällen erzielt worden. Weiters wird der notwendige

Kohlentransport geringer werden, die Rauch- und Rußplage wird vermindert bzw. ausgeschaltet, die Aschenabfuhr in den belieferten Gebäuden fällt weg und entlastet damit die Transportwege, bei der Bedienung, im Kohlenhandel und bei den einschlägigen Gewerbezweigen werden Arbeitskräfte erspart und letzten Endes werden durch das Wegfallen der Kesselanlagen in den mit Sammelheizungen ausgestatteten Gebäuden, an deren Stelle lediglich kleine Wärmeumformer treten, Räume für andere Zwecke frei.

In bezug auf die Anpassung des Wärmebetriebes an die elektrische Energieabgabe ist festzustellen, daß leider die Belastungsspitzen des Wärmeverbrauches zeitlich nicht immer mit dem elektrischen Höchstbedarf zusammenfallen. Es werden wohl in den Frühstunden beide Energieformen gebraucht. Um etwa 16 Uhr tritt jedoch ein Rückgang im Wärmeverbrauch ein, also gerade in jener Zeit, wo der elektrische Bedarf am größten wird. Außerdem ist im Sommer überhaupt kein Wärmebedarf für Raumheizung vorhanden.

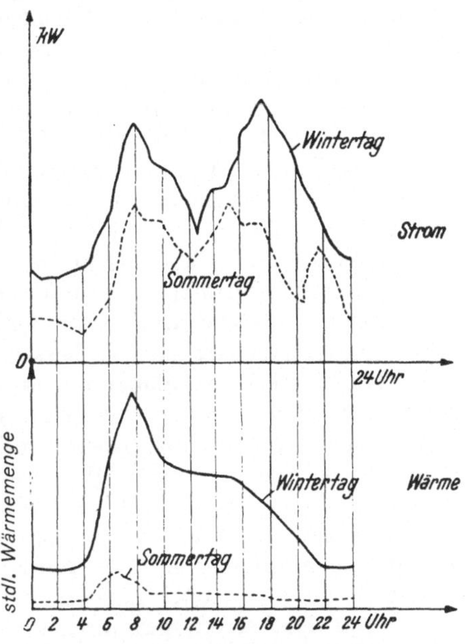

Abb. 36. Wärmebelastungskurven eines Stadtheizkraftwerkes und Tagesbelastungslinien eines Elektrizitätsversorgungsunternehmens.

Die Wärmebelastungskurven eines Städteheizkraftwerkes für einen Winter- und einen Sommerwochentag und das Winter- und Sommerwochentagdiagramm eines Elektrizitätsversorgungsunternehmens (Abb. 36) zeigen den zeitlichen Bedarf von Wärme und Strom an charakteristischen Tagen. Daraus kann gefolgert werden, daß Heizkraftwerke zweckmäßig im elektrischen Verbundbetrieb arbeiten sollen, wobei große Überlandwerke den Ausgleich leicht herbeiführen können und auch aus dem Umstand Vorteile gezogen werden, daß gerade im Winter, wo die Wasserkraftwerke nur geringe Leistung geben, im Heizkraftwerk im Nebenbetrieb elektrische Energie anfällt. Für den hohen elektrischen Bedarf am Nachmittag und Abend wird auch vielfach im Heizkraftwerk ein Kondensationsteil vorgesehen.

Bemerkenswert ist weiterhin noch, daß die durchschnittliche jährliche Benutzungsstundenzahl des Höchstwärmebedarfes nur rd. 1500 Stunden beträgt. Dabei fällt der höchste auftretende Wärmebedarf fast mit dem Wärmeanschlußwert zusammen, d. h. es muß bei der Wärmeversorgung mit fast voller Gleichzeitigkeit gerechnet werden.

Anläßlich der Neugestaltung der großen deutschen Städte wird ein sehr hoher und dichter Wärmebedarf auftreten, der die Errichtung von Städteheizkraftwerken wirtschaftlich gestalten wird. Außerdem ist diese Wärmeversorgung bei den Abnehmern derart beliebt geworden, daß mit einer starken Ausbreitung in nächster Zukunft zu rechnen sein wird. Die derzeit im Reich erst nach mehreren Hundert Millionen kWst zählende, in Fernheizkraftwerken erzeugte, elektrische Energie, wird daher vermutlich in einem Ausmaß anwachsen, wie es heute noch vielfach nicht für möglich gehalten wird. Aus diesen Gründen wurde auf die Wärme-Stromversorgung mit Fernheizkraftwerken etwas näher eingegangen.

Zusammenfassend wäre zum Schluß noch zu sagen, daß die ergiebigste wirtschaftliche Verbesserung erreicht werden könnte, wenn bei Wasserkraftanlagen das gesamte anfallende Wasser ausgenützt werden könnte. Dies wäre dann der Fall, wenn die Belastung sich der Wasserdarbietung voll anpassen könnte, oder wenn eine restlose Speicherung möglich wäre. Eine volle Anpassung an die Wasserdarbietung kann nicht erreicht werden. Die Speicherung wird in Form von Wasseransammlung in Speicherwerken und in Pumpspeicheranlagen praktisch durchgeführt. Die hohen Baukosten verhindern jedoch eine restlose Wasserspeicherung. Die in Form von Drehstrom gewonnene elektrische Energie ist nicht speicherfähig und Gleichstrom ist bekanntlich wegen seiner beschränkten Übertragungsfähigkeit nicht wirtschaftlich verwendbar. In den Laufwasserkraftwerken, die nicht mit Speicherwerken zusammenarbeiten können, bleiben daher noch immer große Energiemengen ungenützt und fließt vorwiegend in den Nachtstunden noch immer viel Wasser unverwertet ab. Das Bestreben der Technik richtet sich demnach darauf, hier eine wirtschaftliche Lösung zu finden. Der vor einigen Jahren aufgetauchte Vorschlag, den gesamten anfallenden Überschußstrom in einen Wasserzersetzer zu leiten und dort die Energie im Heizwert des Wasserstoffes aufzuspeichern, wobei für jedes m^3 Wasserstoff noch $\frac{1}{2}$ m^3 Sauerstoff gewonnen werden kann, dürfte leider auch nicht gangbar sein. Grund dafür ist wohl der Umstand, daß die Kosten, die für die Wasserstoffherstellung erwachsen würden, wegen der hohen Verluste bei der Umwandlung vermutlich größer sind, als der erzielbare Vorteil. Dies ist nicht verwunderlich, wenn man bedenkt, daß je nachdem, ob der Wasserstoff als Gas, als Motorbetriebsmittel oder wieder zur Stromerzeugung verwendet werden soll, eine zusätzlich drei- bis fünfmalige Umwandlung in andere Energieformen notwendig wird. Umwandlung von Drehstrom in Gleichstrom, Gleichstrom in chemische Energie, diese in Wärme, diese in mechanische Energie und diese wieder in Drehstrom (Gleichrichter, Wasserzersetzungsanlage, Wasserstoffmotor, Drehstromgenerator). Die Durchbildung des bisher allerdings heute noch fehlenden praktisch erprobten Wasserstoffmotors müßte trotz der auftretenden hohen Verbrennungstemperaturen eine lösbare Aufgabe darstellen. Wenn diese Wasserzersetzung doch noch praktische Betriebserfolge zeitigen würde oder wenn ein anderes Speicherverfahren gefunden werden könnte, mit dem die vorhandenen Überschußmengen restlos wirtschaftlich ausnützbar wären, dann würde auch der weitgehendsten Verwendung der so unregelmäßig anfallenden Windkraft, die noch in vielfach höherem Ausmaß als die Wasserkraft zur Verfügung steht, ein großes Betätigungsfeld eröffnet werden.

Nachdem die wirtschaftlichen Untersuchungen nunmehr so weit geführt wurden, soll auch noch die Frage untersucht werden, ob es zweckmäßig und wirtschaftlich ist, den Absatz von Wärmestrom zu fördern. Es wird größtenteils einfach festgestellt, daß die kWst nur 860 Wärmeeinheiten besitzt. Gegenüber der Steinkohle mit z. B. 7000 Wärmeeinheiten je kg könne sie daher niemals konkurrieren. Mit dieser einfachen Feststellung kann diese Frage jedoch nicht abgetan werden, umsomehr, als sie täuschend wirkt. Diesen Vergleich hört man jedoch so oft, daß hier seine Unzulässigkeit aufgezeigt werden soll. — Der Wärmeinhalt einer kWst kann nämlich unmittelbar nur dann mit dem Wärmeinhalt eines kg Brennstoffes verglichen werden, wenn für die Gewinnung einer kWst am Vergleichsort 1 kg dieses Brennstoffes benötigt wird. Dies ist aber bei Steinkohle nicht der Fall. Der mittlere Verbrauch über alle deutschen Steinkohlenwerke liegt heute bereits unter 0,7 kg Steinkohle für eine kWst, obwohl noch immer verhältnismäßig viele alte Steinkohlenwerke im Betrieb stehen, die viel mehr Kohle je kWst verbrauchen, als moderne Großkraftwerke. In nächster Zukunft wird wahrscheinlich schon ein Durchschnittswert von 0,65—0,6 kg Steinkohle für die erzeugte kWst erreicht werden, d. h. also, daß aus einem kg Steinkohle rd. 1,6 kWst gewonnen werden. Noch deutlicher wird die Unrichtigkeit eines direkten Vergleiches des Wärmeinhaltes einer kWst mit dem Wärmeinhalt eines kg Brennstoffes bei Öl, da aus einem kg Rohöl im Dieselmotor rd. 5 kWst elektrische Energie erzeugt werden. — Die folgenden Ausführungen werden beweisen, daß die Wirtschaftlichkeit des Wärmestromes für viele Verwendungszwecke einwandfrei gegeben ist.

Dabei soll zwischen Kochstrom, Strom für Raumheizung und Strom für die Warmwasserbereitung unterschieden werden. Außerdem müssen Haushalte sowie Gewerbe und Industrie getrennt behandelt werden. Anwendungsgebiete der Elektrowärme wie z. B. Bügeleisen, Wärmekissen, Heißluftduschen usw., die schon darum Verwendung finden, weil der Zweck auf andere Weise schwer oder nur sehr unbequem erreicht werden kann, können hier ausgeschieden werden. Der Verbrauch spielt weder für die Abnehmer noch für die Lieferwerke eine wesentliche Rolle.

Beim Kochen im Haushalt steht die elektrische Energie in erster Linie in Konkurrenz mit dem Kohlenherd. Der Elektroherd hat einen vielfach besseren Wirkungsgrad als der Kohlenherd, so daß erfahrungsgemäß ein Kohlenherd je nach der Bauart 1—1,4 kg Steinkohle benötigt, um die mit 1 kWst im Elektroherd erzielte Kocharbeit zu erreichen. Da im Haushalt 1 kg Steinkohle, einschließlich Zufuhr und Abtragen, auf rd. 5 Rpf zu stehen kommt, dürfte die kWst 5 × im Mittel 1,2 = 6 Rpf kosten, um mit dem Kohlenherd konkurrieren zu können. Hierbei sind Kostenunterschiede für die Verzinsung, Erneuerung, Bedienung, Reparaturen zwischen Kohlen- und Elektroherd vernachlässigt, was zulässig ist, weil die Unterschiede sich gegenseitig ungefähr ausgleichen. Für das elektrische Kochen wird nun heute schon in weiten Gebieten ein Kochstrompreis von 6 Rpf je kWst gewährt. Höchstens werden 7—8 Rpf je kWst verlangt, was für den Abnehmer immer noch tragbar ist, wenn die sonstigen großen Vorteile des elektrischen Kochens, die sich nicht rechnerisch erfassen lassen, berücksichtigt werden. Diese Vorteile sind die Einfachheit in der Handhabung, die Reinlichkeit und die ausgezeichnete Regelbarkeit der Hitze. Die Luft bleibt vom Küchendunst und Fettbeschlag frei, das Geschirr wird nicht verrußt. — Weiters wird der elektrischen Küche nachgesagt, daß die Speisen schmackhafter und bekömmlicher sind, weil sie mit wenig oder ohne Wasser zugestellt werden können und weil das Fett nicht zersetzt und verdampft wird. Die gute Regulierbarkeit ermöglicht ferner ein sparsames Kochen, sowie weitgehende Erhaltung der Vitamine und Mineralsalze. In der warmen Jahreszeit wirkt es sich außerordentlich angenehm aus, daß die Strahlungsverluste beim Elektroherd geringfügig sind. Im Winter muß dagegen die Elektroküche durch einen getrennten Raumheizungsofen beheizt werden.

Vom Standpunkt des Kohlenverbrauches aus ist ebenfalls die Verwendung von Elektroherden zu begrüßen, was folgende Überlegung beweist. Für eine kWst am Elektroherd werden in der Dampfzentrale im Mittel rd. ¾ kg Steinkohle benötigt, wenn die Übertragungsverluste vom Werk bis zur Verbrauchsstelle berücksichtigt werden. Im Reichsdurchschnitt werden unter Vernachlässigung der für die Erzeugung keine Rolle spielenden Brennstoffe rd. 80% Kohlenstrom und 20% Wasserkraftstrom erzeugt. Für eine kWst am Elektroherd werden daher im Mittel $0{,}75 \times 0{,}8 = 0{,}6$ kg Kohle (in Steinkohleneinheiten) in den elektrischen Zentralen aufgewendet werden müssen, also rund die Hälfte dessen, was der Kohlenherd zur gleichen Kocharbeit benötigt. Für die Abnehmer und für die Volkswirtschaft ist daher der elektrische Kochherd erwünscht.

Auf die in letzter Zeit auf den Markt gebrachten Koksdauerbrandkochherde dürfen diese Überlegungen nicht ohne weiteres angewendet werden, weil diese Herde bessere Wirkungsgrade haben, als die üblichen Kohlenherde. Die hohen Anschaffungskosten dieser modernen Koksdauerbrandkochherde haben aber bisher eine große Verwendung im Haushalt nicht aufkommen lassen, so daß derzeit hier darauf nicht näher eingegangen zu werden braucht.

Wie wirkt sich nun aber letzten Endes das elektrische Kochen auf die Elektrizitätsversorgungsunternehmungen aus? Der elektrische Herd hat bekanntlich verhältnismäßig recht hohe Leistungen. Es ist daher zu befürchten, daß die großen Anschlußwerte in den Zentralen und Leitungsnetzen große Investitionen verursachen, die wieder die Stromgestehungskosten erhöhen und die Gewährung der vorberechneten niedrigen Strompreise für das Kochen unmöglich machen. Über die Auswirkungen der Kochbelastung liegen im Reich gute Erfahrungen vor. Kann doch ein einziges größtes Elektrizitätsversorgungsunternehmen allein auf den Anschluß von über 100000 Elektrokochherde in seinem Versorgungsgebiet hinweisen. Wenn auch die Kochbelastung je nach den Lebensgewohnheiten und der sozialen Stellung der Bewohner des Versorgungsgebietes sehr verschieden sein kann, wobei besonders der Umstand eine Rolle spielt, ob geteilte Arbeitszeit mit Hauptmahlzeit am Mittag vorherrscht oder nicht, so können doch gewisse Regelmäßigkeiten immer wieder festgestellt werden. Der volle Anschlußwert des Herdes wird jedenfalls normal nie gebraucht, weil praktisch genommen, sämtliche Kochplatten samt Ober- und Unterhitze des Bratrohres nicht gleichzeitig auf höchste Heizstufe gestellt werden. Es ist erfahrungsgemäß höchstens mit 50—80% des Anschlußwertes bei jedem Herd als Höchstlast zu rechnen. Die Herde untereinander sind wieder nicht gleichzeitig in Betrieb, da nicht alle

Familien zur gleichen Zeit essen und nicht alle Speisen die gleiche Zubereitung brauchen. Die größte Gleichzeitigkeit tritt gewöhnlich an Sonn- und Festtagen und an Samstagen auf. Einen üblichen Wochentagsbelastungsverlauf einer großen Anzahl angeschlossener Kochherde zeigt folgendes Diagramm, in dem auch die übrige Belastung des Stromlieferungsunternehmens eingetragen wurde (Abb. 37):

Aus dem Verlauf dieser Belastungslinie ist zu ersehen, daß die Kochspitzen nicht mit den übrigen Belastungsspitzen zusammenfallen sondern sogar z. B. um die Mittagsstunden in ein Belastungstal fallen. Die Abendkochspitzen treten nach den üblichen Abendlichtspitzen auf. So kommt es, daß erfahrungsgemäß der Anteil der Kochherde an der Zentralenhöchstlast nur recht gering ist. Man rechnet überschlägig heute mit etwa 0,1—0,15 kW je Herd Anteil an der Zentralenhöchstlast. Dieser günstige Belastungsverlauf bringt es mit sich, daß sowohl die Zentralenanlagen, als auch die Leitungsanlagen nicht allzu stark beansprucht werden.

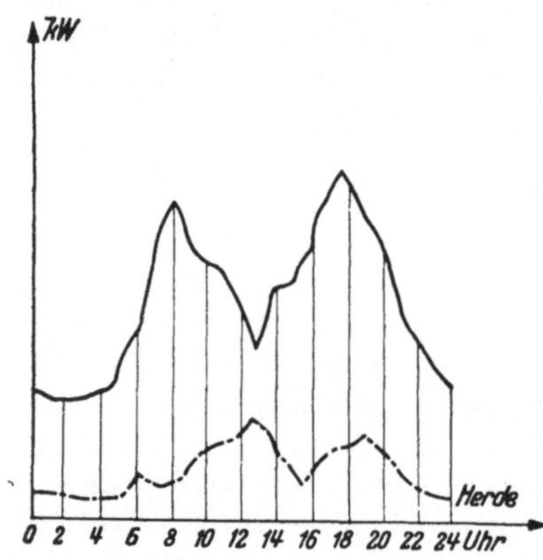

Abb. 37. Tagesbelastungslinie eines EVU. mit eingetragener Kochbelastungslinie.

Es wurde festgestellt, daß je nachdem, ob es sich um Haushaltungen auf dem Land oder in der Stadt handelt, 10—20% der Haushaltungen Elektroherde erhalten konnten, ohne daß gut ausgelegte Verteilungsnetze verstärkt werden mußten. Der Absatz der Haushaltungen an elektrischer Arbeit steigt leicht auf das dreifache und mehr, wenn elektrisch gekocht wird. Dabei erhöhen sich allerdings die Benutzungsstunden des Anschlußwertes beim Abnehmer mit elektrischem Herd nicht gegenüber dem nicht elektrisch kochenden Haushaltabnehmer, da der Anschlußwert im Durchschnitt auf das zehnfache ansteigt. Der Anteil der Kochherde an der Zentralenhöchstlast ist jedoch verhältnismäßig gering, so daß die jährlichen Benutzungsstunden der Zentralenhöchstlast erfahrungsgemäß für Haushalte mit elektrischen Herden gegenüber Haushalten mit nur Licht und Kleingeräten das dreifache und mehr betragen. Die gesamten Stromgestehungskosten sinken dadurch wesentlich. Die Werke haben daher größtes Interesse, für die Ausbreitung des elektrischen Kochens einzutreten.

Eine kurze Rechnung soll die Auswirkung des elektrischen Kochens auf die gesamte Elektrizitätsversorgung ersichtlich machen. Im Reich sind heute fast 20 Millionen Haushaltungen, das sind fast 90% aller vorhandenen Haushaltungen, elektrisch angeschlossen. Wenn die Hälfte davon elektrisch kochen würden, dann würden für das Kochen allein, bei einem geschätzten Kochverbrauch von nur 800 kWst pro Haushalt und Jahr, jährlich $10\,000\,000 \times 800 = 8$ Milliarden kWst verbraucht werden. Der elektrische Haushaltkonsum des Reiches würde damit mehr als doppelt so groß werden wie er heute ist. Die Kohlenersparnis in Steinkohleneinheiten gegenüber Kohleherdkochen würde 8 Milliarden $\times$ 0,6 = 4,8 Milliarden kg = 4,8 Millionen t betragen; also mehr als 2% des gesamten Kohlenverbrauches im Reich und fast 10% des Hausbrandverbrauches im Reich ausmachen. In Wirklichkeit wird die Kohlenersparnis wahrscheinlich noch größer sein, denn zu diesem Zeitpunkt, wird sich das Verhältnis Wärmekraftstrom zu Wasserkraftstrom hoffentlich schon zugunsten der Wasserkraft verschoben haben.

Zuletzt sei auch noch kurz ein Vergleich zwischen elektrischem und Gaskochen angestellt, obwohl von vorneherein hierzu zu sagen ist, daß dort, wo Gasleitungen vorhanden sind, der elektrische Kochstrom nicht als Konkurrent auftreten sollte. Die Gaswirtschaft stellt einen wichtigen Zweig in der Energiewirtschaft dar und soll daher erhalten werden; die elektrische Energie hingegen hat soviel mehr Anwendungsgebiete, daß leicht dem Gas der Vorrang beim Kochen im mit Gas versorgten Haushalt überlassen werden kann. Erfahrungsgemäß entsprechen 1 m³ Gas am Gasherd ungefähr 2,5 kWst am Elektroherd. Bei dem üblichen Gaspreis von 20 Rpf pro m³ Gas dürfte daher der elektrische Strom im Mittel 8 Rpf je kWst kosten, um dem Gas wirtschaftlich gleichwertig zu sein. Wenn so wie früher im Vergleich Elektroherd und Kohlenherd vom Standpunkt des Verbrauches von Kohle Nachrechnungen durchgeführt werden, dann ergibt sich ein Vorteil bei Gasverwendung, besonders dann, wenn der bei der Gaserzeugung anfallende Koks mitberücksichtigt wird.

Bei der Raumheizung liegen insofern ganz andere Verhältnisse vor, als die Wirkungsgrade der Raumheizung-Einzelöfen für Kohle und besonders für Koks wesentlich höher liegen als bei Kochherden. Raumheizungsöfen für Kohle und Koks erreichen heute Wirkungsgrade bis zu 80% und unterschreiten nur in seltenen Fällen 40% Wirkungsgrad. Wenn ein Durchschnitt von 60% angenommen wird, dann wird 1 kg Kohle mit 7000 Wärmeeinheiten an den Raum 4200 Wärmeeinheiten abgeben können, gegenüber

860 Wärmeeinheiten einer kWst elektrischer Energie. Wieder bei einem Kohlenpreis für den Haushalt von 5 Rpf pro kg dürfte daher die elektrische Energie nur $5 \times \dfrac{860}{4200} =$ rd. 1 Rpf je kWst kosten. Vom Standpunkt des Kohlenverbrauches aus ist die Verwendung elektrischer Energie für Raumheizzwecke vollständig zu verurteilen, da sich so wie früher gerechnet, ein dreifacher Kohlenverbrauch in den elektrischen Zentralen gegenüber dem Verbrauch in Einzelöfen ergibt. Elektrische Raumheizungsöfen sollen daher nur dann Verwendung finden, wenn mit Nachtstrom aus Wasserkraftwerken aufgeheizt werden kann. Selbst dann können die Elektrizitätsversorgungsunternehmen jedoch meist Preise unter 3 Rpf je kWst kaum gewähren, so daß die verschiedenen, allerdings nicht zu unterschätzenden, nicht ziffernmäßig ausdrückbaren Vorteile der elektrischen Heizung vom Abnehmer verhältnismäßig teuer erkauft werden müssen. Trotzdem hat sich die elektrische Raumheizung mit Strahlöfen in der Übergangszeit und in selten benutzten Räumen wegen der Bequemlichkeit, der steten Bereitschaft, der Reinlichkeit usw. eingeführt und werden hierfür von den Abnehmern Preise bis zu 8 Rpf je kWst bezahlt.

Bei der Heißwasserbereitung sind die elektrischen Apparate den gasbeheizten und ganz besonders den kohlenbeheizten Apparaten im Wirkungsgrad wieder bedeutend überlegen. Wenn hier eine Durchrechnung in gleicher Art wie früher näher beschrieben wurde, erfolgt, dann ist das Ergebnis fast das gleiche, wie bei dem Vergleich zwischen Kohle- und Elektroherd. Da die elektrische Heißwasserbereitung vorwiegend mit Nachtspeichern erfolgt, beträgt der Strompreis 3—4 Rpf je kWst. Die Wirtschaftlichkeit gegenüber dem kohlenbeheizten Heißwasserbereiter ist daher gegeben. Für das Lieferwerk erübrigen sich alle Untersuchungen, da ein Anteil an der Zentralenhöchstlast überhaupt nicht vorhanden ist und ein Nachtstromverbraucher immer erwünscht ist.

Wenn es gelingen würde, in der Hälfte der Haushalte im Reich elektrische Heißwasserspeicher einzuführen, dann würde dies bei einem mittleren Verbrauch von 2000 kWst je Speicher und Jahr für Gebrauchs- und Badewasser, einen Konsum von 10 000 000 × 2000 = 20 Milliarden kWst Nachtstrom bedeuten. Damit wäre das Problem der Verwertung der Überschußenergien, die vorwiegend in der Nacht in Laufwasserkraftwerken anfallen, zu einem guten Teil gelöst.

Diese Ziffern beweisen aber auch, daß sich die Elektrizitätswirtschaft mit der Frage zu beschäftigen haben wird, wie diese Anforderungen überhaupt zu befriedigen sein werden. Denn daß die Entwicklung auf dem Gebiete der Elektrowärme im Haushalt rasche Fortschritte machen wird, ist mehr als wahrscheinlich und wie hier bewiesen wurde, auch begründet. Die Erfahrungen, die man bisher bei der Einführung des elektrischen Lichtes und später der elektrischen Kraft gemacht hat, haben gezeigt, daß trotz der Wirtschaftlichkeit und Bequemlichkeit des elektrischen Lichtes (1 kWst für Lichterzeugung entspricht ungefähr 2-3 Liter Petroleumverbrauch) und der Einfachheit und Billigkeit des Elektromotors die Ausbreitung anfangs nur zögernd und langsam erfolgt ist, um dann lawinenartig anzuschwellen. Die Elektrowärme als jüngstes Anwendungsgebiet der elektrischen Energie befindet sich heute im Stadium der zögernden Einführung. Die stürmische Entwicklung wird nicht mehr lang auf sich warten lassen.

Für die Raumheizung und Warmwasserbereitung können auch elektrisch angetriebene Wärmepumpen verwendet werden. Dabei wird gegenüber der üblichen unmittelbaren Umwandlung von Elektrizität in Wärme, z. B. in einem Widerstand, mit wesentlich geringeren Energiemengen das Auslangen gefunden. Wegen der hohen Errichtungskosten derartiger Anlagen ist jedoch derzeit noch schwer eine Wirtschaftlichkeit zu erzielen. Die technische Ausgestaltung der erforderlichen Anlageteile, wie Wärmeaustauscher, Verdichter, Turbinen usw. befindet sich noch in der Entwicklung. Die notwendige Schonung der Brennstoffvorräte wird aber in nächster Zukunft viel dazu beitragen, trotz dieser Schwierigkeiten, das Interesse an Wärmepumpen sehr zu steigern. Überhaupt wenn es sich um große Wärmemengen und geringe Temperaturunterschiede handelt, bieten solche Anlagen erhebliche Vorteile. Auf die Wirkungsweise der Wärmepumpen kann hier nicht näher eingegangen werden, doch sei darauf hingewiesen, daß sie sich allmählich in verschiedenen Anwendungsgebieten durchzusetzen beginnen. Die Verwendung für Kühlzwecke ist dabei am bekanntesten und am meisten verbreitet.

Über die Elektrowärme in Gewerbe und Industrie braucht nicht viel gesagt zu werden. Hier wird die Wertschätzung durch den wirtschaftlichen Erfolg bestimmt. Chemische und metallurgische Arbeitsverfahren erfordern meist ganz große Arbeitsmengen. Die Fertigprodukte werden daher mit dem Strompreisanteil stark belastet, so daß die Anwendung des Stromes nur dann in Frage kommt, wenn besonders niedrige Strompreise gewährt werden können. Z. B. in Aluminiumfabriken, bei der Stickstoffgewinnung, in der Elektrostahlerzeugung, bei der Wasserstoff- und Sauerstoffbereitung treten aber gleichmäßige und langdauernde Belastungen auf, die oftmals sogar in den Stunden höchster Werksbelastung ausgesetzt werden können, so daß die Stromlieferwerke manchmal Strompreise gewähren können, die unter den sonst üblichen Werten liegen. Die Zweckmäßigkeit der Elektrowärmeanwendung in Gewerbe und Industrie wird daher von Fall zu Fall verschieden sein. Sie hat sich aber heute bereits ausgedehnte Anwendungsgebiete erobert. Beispielsweise ist die moderne Schweißtechnik, die das Verschrauben und Vernieten verdrängt hat, erst durch die elektrische „Lichtbogen"- und „Widerstands"schweißung möglich geworden. Weiters ist dort, wo die genaue Temperaturregelbarkeit die Güte des Werkstückes beeinflußt, also beim Glühen und Härten, ebenfalls die Verwendung der Elektrizität bei der Erzeugung von Qualitätsware durch keine andere Energieform zu ersetzen. Außerdem ist dabei die Wirtschaftlichkeit gegeben, weil bei elektrischen Öfen, besonders bei hohen Temperaturen, das 8- bis 10fache des bei den sonst üblichen Verbrennungsöfen erzielbaren thermischen Nutzeffektes erreicht wird.

Bevor nun einige grundsätzliche Überlegungen angestellt werden, die den Energieingenieuren aus dem bisher Gesagten die notwendigen Maßnahmen auf elektrizitätswirtschaftlichem Gebiet aufzeigen, sollen noch ganz kurz die wichtigsten technischen Vorkehrungen zur Kohleneinsparung zusammengefaßt werden.

Die sparsame Kohlenwirtschaft beginnt bei der Lagerung. Diese hat vor Wind, Nässe und Sonne geschützt, in nicht über etwa 5 m hohen Haufen, nach Sorten und besonders, wegen der sonst erhöhten Gefahr der Selbstzündung, nach verschiedenen Korngrößen getrennt, zu erfolgen. Gedeckte Lager, die bei Staubkohle unvermeidlich sind, ergeben bei größeren Lagerkosten geringere Verluste. Die länger lagernde Kohle soll immer zuerst verbraucht werden, da bei langer Lagerung ein Zerfall der Kohle zu befürchten ist, der den Heizwert herabsetzt und die übrigen Brenneigenschaften verschlechtert.

Bei der Feuerung ist zu beachten, daß die Kohle vorne etwas höher liegend, sonst aber gleichmäßig am Rost verteilt wird, bei gasreicher oder fetter Kohle in dünnen, bei gasarmer oder magerer Kohle in mittelhohen, bei minderwertiger Kohle in hohen Schichten. Die Rostspalten müssen der Korngröße der Kohle angepaßt sein, da unverbrannte Kohle nicht in den Aschfall gelangen darf. Für entsprechende Luftzufuhr ist zu sorgen. Um den Luftzutritt zur Kohle zu ermöglichen, muß der Rost von Schlacke frei gehalten werden, was durch fleißiges Schüren, oder durch Rütteln der Roststäbe, oder durch mechanische Rostreinigung erfolgt. Die richtige Einstellung der jeweiligen Zugstärke ist für die vollständige Verbrennung der Kohle unerläßlich und vermeidet damit zu hohe Abgastemperaturen. Diese müssen so niedrig als möglich sein. Nur die für den Schornsteinzug unumgänglich notwendige Abgastemperatur ist zulässig. Auch dürfen in den Abgasen keine unverbrannten Bestandteile enthalten sein. Daher sind Zusammensetzung (Rauchgasprüfer) und Temperatur der Rauchgase ständig zu überwachen. Grobe Fehler äußern sich durch starken Qualm am Schornsteinkopf.

Die feuerseitige Heizfläche und die Kesselzüge sind stets von Flugasche und Flugkoks frei zu halten. Auf der Wasserseite ist die Vermeidung von Kesselstein von größter Bedeutung. Wenn keine Wasseraufbereitungsanlage vorhanden ist, sind dem Kesselwasser Soda oder Natronlauge zuzusetzen. Das Speisewasser soll durch Vorwärmen auf möglichst hohe Temperaturen gebracht werden.

Besonders wichtig für eine sparsame Kohlenverwendung ist es, den Kessel vor Belastungsschwankungen zu schützen. Muß er vorübergehend abgestellt werden, dann ist für eine dichte Abschließung des Kessels vom Schornstein zu sorgen, nachdem die noch am Rost befindliche Kohle vergast ist. Oftmalige Betriebsstillstände und große Belastungsschwankungen können die Verluste unglaubhaft in die Höhe treiben.

Aber nicht nur bei der Erzeugung des Dampfes, auch beim Verbrauch desselben muß der Energieingenieur eingreifen. Gute Isolierung der Dampfrohrleitungen und die richtige Instandhaltung derselben ist besonders wichtig. Dabei ist zu beachten, daß auch die Armaturen einen Wärmeschutz erhalten müssen. Die Kondensleitungen müssen ebenso wie Frischdampfleitungen isoliert werden. Der Sammlung und Verwendung des Kondensates ist besonderes Augenmerk zuzuwenden, wobei die Kondenstöpfe besonders zu pflegen sind. Wie schon früher erwähnt, ist ein möglichst gleichmäßiger Dampfverbrauch anzustreben. Jedenfalls muß das Heizpersonal immer vorher unterrichtet werden, wenn größere Dampfanforderungen bevorstehen.

Zum Schluß sollen noch an Hand der Tagesbelastungslinie der Elektrizitätswerke einige grundsätzliche elektrizitätswirtschaftliche Überlegungen angeschlossen werden. Aus den bisherigen Ausführungen war immer wieder zu entnehmen, daß die Rentabilität der Stromgewinnung am stärksten und ausgiebigsten von den Jahresbenutzungsstunden der Höchstlast abhängig ist. Es wurde auch bereits darauf hingewiesen, daß bei einer Erhöhung der Benutzungsstunden auf das x-fache mit den gleichen Maschinen- und Übertragungseinrichtungen die x-fache Arbeit abgegeben werden kann. Andererseits zeigt die Tagesbelastungslinie des Elektrizitätsversorgungsunternehmens mit verschiedenen Abnehmergruppen (vgl. Abb. 13), daß bis zum Idealfall einer Belastungslinie parallel zur Abscissenachse (vgl. Abb. 11) noch ein weiter Weg ist. Hier wird mit gutem Erfolg der Energieingenieur einsetzen können, der für die Abnehmer und für die Stromlieferungsunternehmungen segensreich wirken kann. Ihm müssen die Tagesbelastungslinien der stromliefernden Werke bekanntgegeben werden. Bei Eigenerzeugung muß für eine Aufnahme der Kurven gesorgt werden. An Hand dieser muß der Arbeitseinsatz der Maschinen und der Elektrowärmegeräte in den Betrieben gelenkt werden. Der Energieverbrauch jeder Arbeitsmaschine und jedes Elektrowärmegerätes im Betrieb muß vom Energieingenieur aufgenommen werden; deren besonderen Erfordernisse, Art und Zweck der Verwendung, Belastungsverhältnisse, Betriebsdauer, Auswirkungen ihres Einsatzes, Möglichkeiten der zeitlichen Verschiebung ihres Betriebes usw. müssen verzeichnet werden, um an Hand der Belastungskurven Fahrpläne aufstellen zu können. Diese schwierige Arbeit, die hohe Anforderungen an die Energieingenieure stellt, praktisches und allgemeines Wissen auf dem Gebiete der Energiewirtschaft, insbesonders genaue Kenntnis aller speziellen Erfordernisse des Betriebes voraussetzt, sowie viele Detailuntersuchungen verlangt, wird sich aber bestimmt lohnen. So manche Belastungsspitze wird sich vermeiden lassen und manches Belastungstal wird ausgefüllt werden können. Die Verlegung und Staffelung der Betriebszeiten von Maschinen und Elektrowärmegeräten kann sich sehr vorteilhaft auswirken. Der einschneidendste Erfolg wird sich dort erzielen lassen, wo ohne starke Betriebserschwernisse eine Verlegung größerer Leistungsbedürfnisse in die Nacht und auf Sonntage und Sonnabendnachmittag möglich ist. Die übrigen Aufgaben des Energieingenieures, wie die Vermeidung des Leerlaufes der Maschinen und Wärmegeräte, deren richtige Bemessung und die technisch und betrieblich beste Nutzung von Brennstoffen und Wärme werden nicht so zeitraubende und ausführliche Untersuchungen bedingen, wie die Erforschung des zeitlich günstigsten Energieeinsatzes.

In diesem Zusammenhang ist noch zu erwähnen, daß die früher gezeigten Belastungslinien der Elektrizitätsversorgungsunternehmungen nicht die in den Jahren 1940 und 1941 kriegsbedingte Beibehaltung der Sommerzeit während der Wintermonate im Reichsgebiet berücksichtigen. Diese Maßnahme wirkte sich auf die Belastung der Elektrizitätswerke außerordentlich ungünstig aus. Die damit auf die natürlichen Lichtverhältnisse bezogene Vorverlegung des Arbeitsbeginnes verursachte ein Zusammendrängen der höchsten Leistungsanforderungen in den Morgenstunden und eine Erhöhung der Morgenspitze, so daß diese größer als die Abendspitze wurde und damit die Zentralenhöchstlast darstellte. Abb. 38 zeigt die Belastungslinie eines Elektrizitätsversorgungsunternehmens mit verschiedenen Abnehmergruppen für einen Wintertag mit Sommerzeit. Da für den Winter 1942/43 wieder die Normalzeit gilt, werden diese Schwierigkeiten nicht mehr auftreten und es erübrigen sich daher weitere ausgleichende Maßnahmen, wie z. B. eine gebietsweise Verschiebung des Arbeitsbeginnes u. dgl.

Jedenfalls muß ganz besonders hervorgehoben werden, daß es bisher im Großdeutschen Reich trotz des Krieges nicht erforderlich war, für die große Masse der Stromverbraucher einschneidende Energieeinschränkungsmaßnahmen zwangsweise einzuführen. Die hohen Anforderungen der Rüstungswirtschaft konnten in erster Linie durch die planvolle Lenkung des Energieeinsatzes und die Aus-

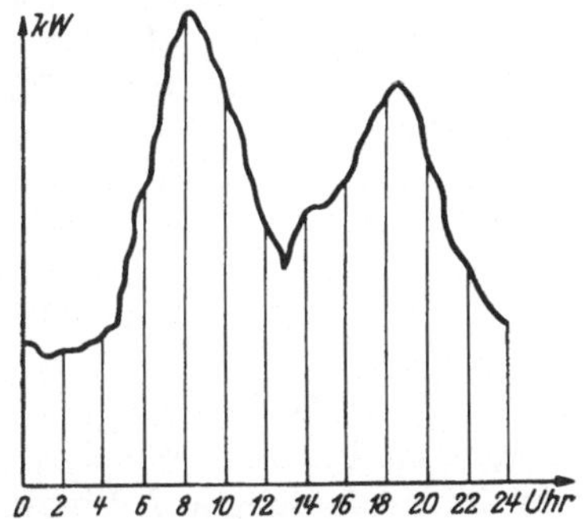

Abb. 38. Tagesbelastungslinie eines EVU. für einen Wintertag mit Sommerzeit.

breitung der Verbundwirtschaft befriedigt werden. Nicht zuletzt hat auch die verständnisvolle Mithilfe der großen Masse der Kleinverbraucher, die sich freiwillig beschränken und sich den zeitlichen Erfordernissen anpassen, dazu beigetragen, auch in dieser Hinsicht der Welt ein Beispiel zu geben. Denn fast alle übrigen Länder, ob sie nun selbst in den Krieg verwickelt sind oder nicht, mußten zu Zwangsmaßnahmen schreiten, zum Teil wurden recht drastische Drosselungen vorgenommen. In Frankreich wurde die Energiekrise zu einer Industriekrise. Aber auch die Haushalte und das Gewerbe wurden dort einschneidend im Energiebezug beschränkt; die elektrische Heizung wurde vollständig verboten, nur der Nachtverbrauch ist freigegeben. In England konnte man sich bisher über die Art der Maßnahmen noch nicht einigen. Vorläufig wurden die Tarifpreise empfindlich erhöht und damit der kleinste Verbraucher am stärksten betroffen. Die Energie soll dort rationiert und nach einem Pauschalpunktesystem zugeteilt werden, wobei die Aufteilung auf Elektrizität, Gas und Kohle dem Abnehmer überlassen werden soll. Da in England rd. 96% der elektrischen Energie aus Kohle gewonnen wird, wirkt sich für alle drei Energieformen der Mangel an Bergarbeitern in der Kohlenwirtschaft sehr stark aus. Sogar aus den V. St. A. liegen schon Nachrichten vor, daß die Verknappung der elektrischen Energie das Kriegsproduktionsamt in Washington veranlaßt hat, gebietsweise bei den nicht kriegswichtigen Abnehmern Verbrauchsdrosselungen anzuordnen. Von den befreundeten Ländern mußte Italien ab vergangenem Winter Einschränkungsmaßnahmen auftragen, ohne daß jedoch die Kriegsindustrie fühlbar betroffen wurde. Im Verbundbetrieb lieferten die südlich gelegenen Werke bemerkenswerte Zuschüsse nach Norditalien, das stark unter der außerordentlichen Trockenheit in den Alpen litt. Japan hat den Haushaltverbrauch einheitlich begrenzt und die Preise für einen eventuellen Mehrverbrauch stark erhöht. Finnland hat die Benutzung von elektrischen Wärme- und Kleingeräten verboten und Lichteinschränkungen durchgeführt. Von den Ländern, die sich nicht unmittelbar im Kriegszustand befinden, wurde beispielsweise die Schweiz im Winter 1941—42 besonders hart von der Energieknappheit betroffen. Umfangreiche Bauten sollen dort ähnliche, die ganze Bevölkerung treffende Energiemängel verhindern. Dänemark hat schon im Jahre 1940 mit Sparmaßnahmen begonnen und besonders die Umstellung auf Windkraftwerke propagiert. Sogar das an Wasserkräften so reiche Land Norwegen mußte sich mit einer 20%igen Drosselung der elektrischen Energiezuteilung abfinden. Schweden konnte im Jahre 1941 Wasserkraftwerke von zusammen über 100 000 kW, d. i. über 5% der gesamten derzeit ausgebauten Wasserkraftleistung, fertigstellen und weitere Anlagen von rd. 200 000 kW in Bau nehmen, so daß dort der Bedarf noch halbwegs gedeckt werden konnte. Im Winter 1942/43 soll jedoch der Stromverbrauch der Industrie, der über 70% des Gesamtverbrauches ausmacht, um vorläufig 10% gekürzt werden. Der Haushalt wird zuerst nur durch das Verbot der elektrischen Raumheizung betroffen. Spanien konnte den stark gestiegenen Ansprüchen bisher gerecht werden, wogegen Portugal den Lichtverbrauch und die öffentliche Beleuchtung um 25—50% einschränken mußte. Darüber hinaus wird in anderen Ländern die Elektrizitätsversorgung an verschiedene Abnehmerkreise für bestimmte Stunden ganz eingestellt oder es werden „Rationen" zugeteilt, die nach dem Vorkriegsbezug abgestimmt sind, wobei hohe Strafen vor Überschreitungen schützen sollen.

VII. Erkenntnis und Folgerungen.

Neugestaltung der deutschen öffentlichen Elektrizitätsversorgung, Überstaatliche Verbundwirtschaft, Aufgaben der Stromverteilungsunternehmungen, Zusammenlegung der Versorgungsgebiete, Stromzwischenverkauf,

Großstromerzeugung, Vorteile der Großkraftwerke, Reichsverbundwirtschaft, Ausschaltung der Erwerbswirtschaft in der öffentlichen Stromversorgung, Zukunftsaussichten.

Zusammenfassend wird nochmals wiederholt, daß die Stromgestehungskosten für verschiedene Abnehmer verschieden sind und daß ein gleicher Tarif nur für gleichartige Abnehmer gelten kann. Als zweiter wichtiger Grundsatz wurde erkannt, daß eine Verbundwirtschaft weitgehendst anzustreben ist.

Da die Elektrizitätsversorgung in erster Linie eine öffentliche Aufgabe darstellt und die Erwerbswirtschaft hierbei zurücktritt, eine diesbezügliche einheitliche Ausrichtung in der Elektrizitätswirtschaft jedoch fehlt, wurden in den letzten Jahren zur Neugestaltung der öffentlichen Elektrizitätsversorgung zahlreiche Programme entwickelt. Es würde den Rahmen dieser Schrift überschreiten, wenn auf alle diese Vorschläge näher eingegangen werden würde. Auch soll nicht etwa noch ein weiteres Programm aufgestellt werden; sondern werden sich die folgenden Ausführungen auf Erkenntnisse beschränken, die sich aus den bisherigen Betrachtungen ergeben haben. Die daraus abzuleitenden Folgerungen sollen dazu dienen, sich über die deutsche Elektrizitätswirtschaft ein Bild machen zu können.

Vorausgestellt wird, daß die ganze Entwicklung heute darauf hinausläuft, dem Staat immer mehr Einfluß auf die Elektrizitätswirtschaft zu geben, was, wie schon früher besprochen, ganz selbstverständlich daraus hervorgeht, daß eben die Elektrizitätswirtschaft in das Leben jedes Einzelnen eingreift und für die gesamte Wirtschaft von ganz ausschlaggebender Bedeutung ist. Der Krieg hat dies wieder überzeugend vor Augen geführt. Die große Bedeutung der Elektrizitätswirtschaft ist jedoch nicht nur im Großdeutschen Reich, sondern ebenso in den benachbarten Ländern vorhanden, von denen dies zum Teil auch schon erkannt wird. Das Großdeutsche Reich ist bisher in der Elektrizitätswirtschaft, beginnend bei den von deutschen Technikern gemachten grundlegenden Erfindungen, immer führend gewesen. Es hat mit dem Energiewirtschaftsgesetz die staatliche Lenkung auf dem Gebiet der Energiewirtschaft geschaffen, das erste Ministerium für Energiewirtschaft in Form des Generalinspektors für Wasser und Energie gegründet und als erster Staat der Welt die Tarif-Vereinheitlichung staatlich aufgetragen. (In allerletzter Zeit hat als zweiter Staat England ein Ministerium für Versorgungswirtschaft gebildet, das für die Bewirtschaftung mit Elektrizität, Gas, Kohle und Öl zu sorgen hat.)

Großdeutschland steht in bezug auf den gesamten Jahresverbrauch an elektrischer Energie weitaus an erster Stelle unter allen Staaten Europas. Einschließlich Böhmen und Mähren erreichte es nach den letzten Vorkriegsziffern mit 75 Milliarden kWst Jahresverbrauch über 40% des gesamten Elektrizitätsverbrauches Europas (ohne Sowjetrußland) und 15% des Weltelektrizitätsverbrauches. Das Reich wird daher auch bestimmt bei einer richtigen Ordnung der öffentlichen Elektrizitätsversorgung, die bisher noch in allen Ländern fehlt, führend vorausgehen und sich die Vorherrschaft auch auf diesem Gebiet gegenüber anderen Staaten sichern. Die Bedeutung einer solchen Vorherrschaft ist gar nicht hoch genug einzuschätzen.

Die bisherigen Ausführungen lassen unmittelbar erkennen, daß die Verbundwirtschaft nicht im Bereich der Staatsgrenzen stehen bleiben wird, sondern daß in Zukunft eine europäische Verbundwirtschaft geschaffen wird, die eine einheitlich ausgerichtete Anpassung der im Verbund stehenden Werke an die allgemeinen Erfordernisse und weitgehendste Unterordnung unter einen zentralen Willen voraussetzt. Deutschland liegt geographisch im Mittelpunkt und ist, wie vor näher ausgeführt, weitaus der größte Elektrizitätsverbraucher Europas. Wenn daher auch noch eine innerstaatlich geordnete Verbundwirtschaft vorhanden ist, dann wird die Führung der europäischen Verbundwirtschaft ohne Zweifel vom Reich auszugehen haben. Höchstspannungsleitungen werden von Norden nach Süden und von Osten nach Westen Deutschland mit den Nachbarländern verbinden und nach heutigen Begriffen unwahrscheinlich große Leistungen zu transportieren haben. Vermutlich wird dabei auch das alte Problem der Gleichspannungsübertragung wieder aufleben. Da die Stromrichterfrage in technischer Hinsicht soweit gelöst wurde, dürfte sich bei Übertragung von Leistungen von mehreren 100000 kW auf viele hundert km die Verwendung höchster Gleichspannungen wirtschaftlich gestalten. Diese Zukunftsaussichten sind allen Elektrizitätswirtschaftern heute klar und werden darüber auch schon Debatten abgeführt, ja sogar Projekte erörtert.

Wenn nun diese Entwicklung als gegeben anzusehen ist, dann ist es um so vordringlicher, daß möglichst beschleunigt die Verbundwirtschaft im Reich auf jene Basis gestellt wird, die es ermöglicht, zum gegebenen Zeitpunkt die überstaatliche Verbundwirtschaft führend in die Hand zu nehmen.

Um zu untersuchen, welche Wege beschritten werden sollen, muß ganz von unten, also beim kleinsten Abnehmer, mit den Überlegungen begonnen werden. Die Kleinstabnehmer, Gewerbetreibenden und landwirtschaftlichen Abnehmer wünschen mit Recht, daß sie mit ihren Stromlieferwerken eine leichte und betriebsnahe Verbindung behalten; sie kümmern die großen Probleme des Energieaustausches nicht. Sie wollen billig und sicher die elektrische Energie beziehen und sich mit ihren kleinen Schmerzen an ihre Lieferwerke wenden können. Die mit diesen Abnehmern in unmittelbarer Beziehung stehenden Organisationen der Elektrizitätsversorgungsunternehmungen müssen daher beweglich sein und Übersichtlichkeit bewahren. Lokale Ortslieferungen scheiden hierbei aus, weil sie den für eine billige Versorgung notwendigen Ausgleich der Abnehmergruppen nicht erreichen können und in bezug auf die Sicherheit der Belieferung nicht konkurrenzfähig sind. Wenn sich auch die verschiedenen Genossenschaften und Ortselektrizitätswerke seinerzeit große Verdienste um die Ausbreitung der Elektrizität erworben haben, so können sie doch den heutigen Anforderungen nicht mehr nachkommen und wurden auch bereits größtenteils den überlagerten Elektrizitätsversorgungsunternehmungen eingegliedert. Mit dem Ausscheiden der lokalen Ortsversorgung müssen jedoch auch die örtlichen Stadtwerke ihre Selbstständigkeit aufgeben. Es ist klar, daß Gebiete mit größerer Bevölkerungsdichte billiger beliefert werden können, als weit auseinanderliegende schwach besiedelte Orte, zu denen weite Leitungen geführt werden müssen. Es ist daher ein Gebot der Volksgemeinschaft, daß solche gute und schlechte Versorgungsgebiete zusammengefaßt werden. Daraus ergibt sich, daß das mit dem Abnehmer in betriebsnaher Verbindung stehende Verteilerunternehmen trotzdem nicht zu klein sein darf und ein Versorgungsgebiet umfassen muß, das einen weitgehenden Ausgleich ermöglicht.

Um den zweckmäßigsten Umfang dieses Verteilerunternehmens zu bestimmen, muß weiter die Frage untersucht werden, ob dieses Unternehmen selbst Strom erzeugen, oder nur als Wiederverkäufer den Strom einkaufen und verteilen soll. Grundsätzlich sollte von der Stromerzeugung bis zum letzten Verbraucher alles in einer Hand vereinigt sein; denn sonst muß ein Zwischenhändler eingeschaltet werden, der gerade in der Elektrizitätswirtschaft einen besonders schweren Stand haben wird, weil der Tarif, zu dem er den Strom bezieht, eine andere Grundlage haben wird als die Verkaufspreise. Der Grundpreistarif, der sich wohl den Stromgestehungskosten weitgehendst anpaßt, wird nur dann dem Wiederverkäufer entsprechen, wenn dieser in seinem Versorgungsgebiet eine gute Durchmischung verschiedener Abnehmergruppen aufweisen kann. Ist der Grundpreistarif genau den Gestehungskosten angepaßt, dann hat er einen hohen Grundpreis und einen niedrigen Arbeitspreis. Der Wiederverkäufer wird dann mit allen Mitteln versuchen müssen, die Belastungsspitzen zu drücken. Wenn der Grundpreis gesenkt und der Arbeitspreis erhöht wird, dann erschwert wieder der höhere Arbeitspreis verschiedene Anwendungsgebiete der elektrischen Energie. Diese Schwierigkeiten verlangen zwingend eine Mindestgröße des Versorgungsgebietes, wenn ein Zwischenhandel wirtschaftlich gerechtfertigt sein soll. Da es wohl nicht gut denkbar ist, daß mit einem Schlag die größten Stromerzeugungsunternehmungen auch die Stromverteilung bis zum letzten Verbraucher übernehmen können (wodurch außerdem die enge Verbindung, Verbraucher—Werk in Frage gestellt wäre), ist derzeit ohne Wiederverkäufer nicht auszukommen. Weiters können sich die Großerzeuger nicht mit dem Ausbau und dem Betrieb örtlicher kleinerer Werke befassen, der aber besonders soweit es sich um Wasserkraftanlagen handelt, schon aus volkswirtschaftlichen Gründen, unbedingt durchgeführt werden muß und der vielfach wirtschaftlich sein kann.

Den Verteilerunternehmungen soll daher auch die Aufgabe zugeteilt werden, selbst Werke bis zu einer gewissen Größe zu errichten und zu betreiben und in die Verbundwirtschaft einbeziehen zu lassen.

Die mit dem Abnehmer direkt in Fühlung stehenden Elektrizitätsversorgungsunternehmungen sollen demnach einerseits Strom selbst erzeugen, und andererseits von den überlagerten Unternehmungen Strom einkaufen. Ihr Versorgungsgebiet soll mindestens so groß sein, daß eine gute Durchmischung verschiedenster Abnehmergruppen erfolgt. Die obere Grenze ergibt sich aus der Forderung, daß die Abnehmernähe nicht verloren gehen darf und Beweglichkeit und Übersichtlichkeit vorhanden bleiben muß. Dies um so mehr, als eine Zusammenlegung großer Versorgungsgebiete untereinander keine sichtbaren Erfolge mehr bringt, wenn jedes Gebiet für sich schon gut ausgeglichen war. Wenn auch über die richtige Größe kein allgemein gültiger Maßstab gegeben werden kann, weil die Art der Versorgungsgebiete, die Lage der Energiequellen usw. eine große Rolle spielen, kann doch angenommen werden, daß Versorgungsgebiete, die einen Gau oder mehrere Gaue umfassen, zu einem Elektrizitätsversorgungsunternehmen zusammengeschlossen werden sollten. Für die Grenzen dieser Gebiete sind in erster Linie elektrizitätswirtschaftliche Gesichtspunkte maßgebend. Letzten Endes muß aber mit den bestehenden Werken und Unternehmungen gerechnet werden und wird sich dieses Ziel daher nur schrittweise erreichen lassen.

Wenn damit die Frage der zweckmäßigsten Verteilung gelöst erscheint, dann wird zunächst zu prüfen sein, wie und wo die

Großerzeugung am besten erfolgen soll. Es wurde bereits festgestellt, daß Großkraftwerke den Vorteil der relativ geringeren Errichtungskosten haben. Da bei den kapitalintensiven Elektrizitätsversorgungsunternehmungen dies die Stromgestehungskosten stark beeinflußt, ist anzustreben, möglichst große Zentraleneinheiten zu errichten. Eine obere Grenze ist auch hier vorhanden, ab der weitere Verbilligungen nicht mehr erzielt werden können. Eine zu starke Konzentration der Erzeugung, ist außerdem aus wehrwirtschaftlichen Gründen nicht erwünscht. Weiters werden immer wieder Kraftwerke notwendig sein, die in der Nähe der Verbrauchsschwerpunkte liegen und es werden nach wie vor auch kleinere Wasserkräfte und andere örtliche Energiequellen auszunützen sein. Es wird auch immer zu prüfen sein, ob den durch die größten Kraftwerke bedingten Übertragungsleitungen die für eine Wirtschaftlichkeit nötigen zu übertragenden Leistungen und Benutzungsstunden gegenüberstehen.

Bei der Neuerrichtung von Werken wird daher jede Größenordnung in Betracht kommen, wobei jene Werke, die vorwiegend den örtlichen Bedarf decken, von den Verteilungsunternehmungen, Werke übergebietlicher Bedeutung von den ihnen überlagerten Großerzeugungsunternehmungen gebaut und betrieben werden sollten. Für die vorhandenen Werke gelten die gleichen Gesichtspunkte. In beiden Fällen wird die möglichst weitgehende Einschaltung der Zentralen in die Verbundwirtschaft oftmals Entscheidungen ausschlaggebend beeinflussen. Die Großerzeugung muß jedenfalls in Zukunft eine das ganze Reich umfassende Verbundwirtschaft darstellen. Da diese nur einwandfrei geführt werden kann, wenn die Lenkung in einer Hand ist und alle Sonderinteressen ausgeschaltet sind, muß die einheitliche Steuerung von einer Stelle erfolgen, die nur die Erfordernisse der Gesamtheit im Auge hat, daher staatlich ausgerichtet sein wird.

Über die zweckmäßigste praktische Durchführung dieser staatlichen Lenkung gibt es eine große Zahl von Vorschlägen, vom Begnügen mit dem Aufsichtsrecht nach dem Energiewirtschaftsgesetz an, über eine immer weiter zu steigernde kapitalsmäßige Beteiligung der öffentlichen Hand an den verschiedenen bestehenden und neu zu errichtenden Unternehmungen, bis zur schlagartigen, vollständigen Verstaatlichung der gesamten Elektrizitätswirtschaft. In der nächsten Zeit wird vermutlich eine vom Staat einheitlich ausgerichtete, private schöpferische Initiative für eine beschleunigte organische Entwicklung von unten nach oben sorgen. Der Endzustand im Reich, für den der Zeitpunkt heute noch nicht abzusehen ist, wird vielleicht eine noch weiter verstärkte staatliche Einflußnahme, unter Zurückdrängung der Erwerbswirtschaft, mit sich bringen. Die Forderung geht jedenfalls dahin, das „Dienen" vor dem „Verdienen" zu setzen und so die Elektrizitätswirtschaft in eine wirklich öffentliche, nur dem Volksganzen nützende Wirtschaft überzuführen.

Für die gegenständlichen Überlegungen ist es nicht entscheidend, auf welche Art die notwendige zentrale Ausrichtung erreicht wird. Es wird aber zusammenfassend festzustellen sein, daß vorerst einem großen Gemeinschaftsunternehmen, das einheitlich staatlich beeinflußt wird, die Aufgabe zugeteilt werden sollte, für die Großerzeugung und Großverteilung im Reich zu sorgen und die Verbundwirtschaft zentral zu lenken, bzw. die wirtschaftliche Einbeziehung der Wasserkräfte, Erdgase, von nicht transportfähigen Brennstoffen, Abfallwärme usw. durchzuführen. Für die Kleinverteilung und Kleinerzeugung wären Unternehmungen zweckmäßig, die Versorgungsgebiete nach elektrizitätswirtschaftlichen Grundsätzen in der Größenordnung ungefähr je eines Gaues zugewiesen haben. In diesen Verteilungsunternehmungen müßte ebenfalls eine einheitliche Ausrichtung vorhanden sein, um die Verbundwirtschaft lenken und dafür sorgen zu können, daß letzten Endes bei allen Unternehmungen im Reich für gleichartige Abnehmergruppen vollständig einheitliche Lieferungsbedingungen und Preise erzielt werden.

Bei der großen Zahl der heute im Reich vorhandenen Elektrizitätsversorgungsunternehmungen — es werden noch rund 1400 EVU mit mehr als je 500000 kWst Jahresabgabe und mehr als 9000 kleinere EVU im Reich gezählt — wird jede Neuordnung, die in Einzelinteressen eingreift, auf einige Schwierigkeiten stoßen. Allerdings ist heute schon der Anteil der öffentlichen Hand am Kapital der EVU fast 70% (bei allerdings nur etwas über 10% Reichsanteil), so daß bereits neben der gesetzlichen noch eine kapitalsmäßige Einflußnahme des Staates vorhanden ist.

Jedenfalls ist es denkbar, daß eine durchgreifende, richtige Neuordnung der Elektritizätswirtschaft auch zu einer Preisvereinheitlichung führen könnte, so daß im ganzen Reich, unter Verzicht auf weitere Unterteilungen, nur mehr drei Abnehmergruppen unterschieden werden müßten, die sich mit den Gruppen der Zahlenbeispiele decken.

Es bedeutet sicher nicht den Boden der Wirklichkeit zu verlassen, wenn man zu diesem Zeitpunkt einheitliche Strompreise von etwa

48 RM je kW und Jahr $+$ 1,5 Rpf je kWst für die Großabnehmer,

60 RM je kW und Jahr + 2,5 Rpf je kWst für die Mittelabnehmer und

6 Rpf je kWst bei Tag und 3 Rpf je kWst bei Nacht,

neben einem mäßigen, möglichst einheitlichen Grundpreis, für
die Kleinabnehmer im Haushalt, Landwirtschaft und Gewerbe
voraussagt.

Man wird dann eben zugunsten der ärmsten ländlichen Abnehmer darauf verzichten können, diesen die von ihnen tatsächlich
verursachten höheren Stromgestehungskosten anzurechnen. Da
der Elektrifizierungsgrad weit fortgeschritten sein wird, werden
solche wenige kleinste Abnehmer keine Rolle mehr spielen, so daß
soziale Ausgleiche weitgehendst durchführbar sein werden. Dann
kann mit Recht von einer dem Volksganzen dienenden, öffentlichen
Elektrizitätsversorgung gesprochen werden, die dem Energiewirtschaftsgesetz, wonach „die Energieversorgung so billig
und sicher wie möglich zu gestalten ist", im wahrsten
Sinne des Wortes entspricht.

Schlußwort.

Eine Voraussetzung, daß die für eine möglichst zweckmäßige und gemeinnützige Verwertung der elektrischen Energie hier gewonnenen Erkenntnisse Anwendung finden können, ist selbstverständlich das Vorhandensein ausreichender Rohenergiequellen. Unter Berücksichtigung der im ersten Kapitel näher besprochenen verhältnismäßig kurzen Zeitspanne bis zur Erschöpfung der an der Energieerzeugung mit mehr als 50% beteiligten Kohlenvorräte, muß daher in nächster Zeit eine planvolle Wirtschaft dafür sorgen, daß der stark anwachsende Energiebedarf auch in Zukunft gedeckt werden kann. Die Erkenntnis, daß die Kohle außerdem als Rohstoff immer mehr an Bedeutung gewinnt, ist wohl bereits zum Allgemeingut geworden. Die Verfügbarkeit derselben für die Energieerzeugung wird daher noch weiter verringert. Dies muß dazu führen, daß das Verbrennen hochwertiger Kohle unter Kesseln und in Öfen und Herden eingeschränkt und später ganz abgestellt werden wird. Die Energie- und Elektrizitätsgewinnung aus Kohle wird dann nur mehr nach erfolgter Veredelung derselben zulässig sein. Dann wird es aber der hohe Energiebedarf erforderlich machen, daß mehr als bisher Wasserkräfte jeder Größe ausgebaut werden; auch wenn die Bauzeiten lang und die Baukosten höher sind, als bei kalorischen Werken (s. S. 47). Daß Dampfkraftanlagen — vorwiegend an den Gewinnungsstätten der Kohle und der Erdgase errichtet — nur mit anderweitig nicht verwendungsfähiger Abfallkohle oder mit Erdgasen, denen die wertvollen Bestandteile entzogen worden sind, betrieben werden müssen, ist ein selbstverständliches Gebot. Transportfähige Abfallkohle wird in erster Linie in Städteheizkraftwerken zu verfeuern sein (s. S. 108), wobei jedoch eine freie Wahl des Brennstoffes bei diesen in den Stadtkernen zu errichtenden Anlagen wegen der Rauch- und Aschenabfuhr von den Erfolgen in der Weiterentwicklung technischer Vorkehrungen abhängig sein wird. Fern-Wärmelieferung sowie Gas- und Elektrizitätsversorgung werden sich nicht mehr gegenseitig bekämpfen, sondern sie werden in bezug auf Erzeugung und Verbrauch zusammenarbeiten und sich ergänzen. Der im Osten des Reiches neu anfallende Torf ermöglicht, soweit er nicht verkokt und als Rohstoff verwendet wird (s. S. 8), eine erwünschte Bereicherung der Energiegewinnung. Wenn es darüber hinaus noch gelingt, die Speicherungsverfahren wirksam zu verbessern (s. S. 111), dann sind alle Voraussetzungen gegeben, auch die so reich zur Verfügung stehende aber unregelmäßig anfallende Windkraft weitgehend auszunützen und in die allgemeine Verbundwirtschaft einzubeziehen (s. S. 20).

Die Erschöpfung der nicht erneuerungsfähigen Energievorräte wird durch diese Maßnahmen weit hinauszuschieben sein. Die künftige Ausnützung von noch schlummernden, unerschöpflichen, sich aus der kosmischen Energie der Sonne ständig erneuernden Energiequellen, die auf Grund der bereits angebahnten Versuche heute schon als technisch durchführbar bezeichnet werden kann, gibt uns die Sicherheit, daß auch der vielfach mit dieser Erschöpfung vorausgesagte Untergang der gesamten Wirtschaft nicht eintreten wird (s. S. 18).

Es wurde bereits mehrfach darauf hingewiesen, wie bahnbrechend Deutschland auf dem Gebiet der Energie- und Elektrizitätsversorgung vorausgegangen ist. Auch die weitere Entwicklung der Weltenergiewirtschaft wird voraussichtlich nach wie vor stark von den richtunggebenden Maßnahmen Großdeutschlands beeinflußt werden. Daher kann diese Schrift zusammenfassend mit dem Ausblick geschlossen werden, daß im Reich eine planvolle Wirtschaft tatsächlich zweckmäßigste Nutzung der Rohenergiequellen bei bester technischer Ausgestaltung der Einrichtungen und Erzielung höchster Wirtschaftlichkeit bringen wird (s. S. 3). In der Elektrizitätswirtschaft zeichnet sich, wie oben ausgeführt, schon eine Lösung ab, die bei Weiterschreiten auf dem bereits eingeschlagenen Weg in absehbarer Zeit zu einer idealen Versorgung mit einheitlichen, niedrigen Strompreisen und günstigen Lieferbedingungen führen wird. Wenn diese großen Richtlinien weiterhin im Auge behalten werden, dann kann die Elektrizitätswirtschaft unbeschwert von Zukunftssorgen auch allerorts vorwärts getrieben werden, zum Wohle und Nutzen unseres Vaterlandes.

Sachverzeichnis.

(Die Ziffern bedeuten Seitenzahlen, auf denen das Stichwort vorkommt, bzw. wo dieses, bei öfterem Vorkommen, ausführlich behandelt wird.)